Der für die Erde und für ihre Bewohner lebensnotwendige Himmelskörper, die Sonne, wird in den Jahren 1987 bis 1989 zunehmend interessanter. Auf der Sonne sind häufig Flecken zu beobachten, deren Zahl in einem elfjährigen Zyklus schwankt. Im Augenblick steigt die Aktivität und damit die Zahl der Sonnenflekken wieder an, um etwa 1990 ein Maximum zu erreichen.
Die Sonne sieht zu keinem Zeitpunkt so schön aus wie bei einer Sonnenfinsternis. (Die Entstehung einer Sonnenfinsternis → Seite 5.) Totale Sonnenfinsternisse, wie die vom 11. Juni 1983 (Abbildung oben) sind besonders selten. Die hier abgebildete Finsternis war in Java in Indonesien zu sehen. Vor der Sonne steht die dunkle Mondscheibe, die das gesamte Sonnenlicht abschirmt. Erst dann kann die Sonnenkorona (der Strahlenkranz der Sonne), die sich um die Sonne herumlegt, aufleuchten. Die Korona besteht aus hochverdünntem Gas, das eine Temperatur von mehreren Millionen Grad aufweist, aber dennoch so schwach leuchtet, daß man sie nur bei totalen Finsternissen beobachten kann.
Eine teilweise Sonnenfinsternis (Abbildung unten) ist wesentlich häufiger zu sehen, in den Jahren 1987 bis 1989 aber nicht von Westeuropa aus. Am 20. Juli 1982 versank zum Beispiel die teilweise vom Mond bedeckte Sonnenscheibe am Horizont von Hamburg. Die Erdatmosphäre bricht das Sonnenlicht in unterschiedlicher Stärke und läßt die Sonne dadurch nicht mehr kreisrund, sondern leicht gestaucht erscheinen.

# Einführung in die Sternkunde

## Sonne, Mond und Erde

Der für uns wichtigste Himmelskörper ist die kugelförmige Erde. Sie hat einen Durchmesser von 12 742 km; ihre Lufthülle (Atmosphäre) ermöglicht unser Leben: Sie schirmt gefährliche Strahlungen aus dem All ab. Die Erde dreht sich einmal an einem Tag, also innerhalb von 24 Stunden, um sich selbst, das heißt um eine gedachte Erdachse, die von ihrem Nordpol zu ihrem Südpol verläuft. Infolge dieser Erddrehung sehen wir die Gestirne im Osten auf- und im Westen untergehen. Im Verlauf einer Nacht ändert der Sternhimmel also völlig sein Aussehen: neue Sterne erscheinen, andere verschwinden.
Die Sonne ist für die Erde und deren Bewohner lebensnotwendig. Sie ist eine große, glühende Gaskugel, die tief in ihrem Inneren Atomkerne verschmilzt und daraus Energie gewinnt. Dank dieser unvorstellbar großen Energieerzeugung überschüttet sie die Erde mit einer Flut von Licht- und Wärmestrahlen und liefert so die Energie, die jedes Leben erst möglich macht. Der Auf- und Untergang der Sonne hat einschneidende Auswirkungen für die Bewohner der Erde: Er erzeugt den Wechsel von Tag und Nacht.
Wenn die Sonne tagsüber am Himmel leuchtet, strahlt sie so hell, daß alle anderen Gestirne, die auch am Tage am Himmel stehen, verblassen. Erst wenn sie abends unter den Horizont sinkt und es dunkel wird, werden die anderen weit schwächer strahlenden Gestirne sichtbar.
Nur einen Himmelskörper können wir auch bei Tag sehen: den Mond. Mit einem Durchmesser von 3476 km wesentlich kleiner als die Erde, bewegt sich der Mond einmal in etwa einem Monat um die Erde. Er ist ihr Begleiter, ein kalter, lebensfeindlicher Himmelskörper, dessen Oberfläche am 21. Juli 1969 zum ersten Mal ein Mensch betrat. Sein Licht bezieht er – wie die Erde auch – von der Sonne; er wirft dieses Licht zur Erde zurück. Bei seiner Wanderung um die Erde sehen wir den Mond ständig in anderer Gestalt: Wir sagen, »er nimmt zu und ab«, und zwar innerhalb von 29½ Tagen. Wie diese bekannten »Mondphasen« zustande kommen, zeigt die Abbildung auf der nächsten Seite. Je nach seiner Stellung zur Sonne blicken wir einmal auf die voll erleuchtete Seite (Vollmond), mal sehen wir nur eine Hälfte von der Sonne angestrahlt (Halbmond) und mal steht der Mond

# Inhaltsverzeichnis

# Vor dem Start zu lesen

Immer häufiger blicken wir heute zum sternenübersäten Himmel. Spektakuläre Ereignisse der Weltraumfahrt und faszinierende Himmelserscheinungen wie Sonnen- und Mondfinsternisse haben uns neugierig gemacht und unser Interesse an der Sternkunde geweckt. Über Großstädten sind zwar nur wenig Sterne zu sehen, aber in klaren, dunstfreien Gegenden – etwa in den Bergen oder in südlichen Ländern – wirkt die Fülle der Gestirne oft so überwältigend, daß wir uns unwillkürlich fragen, wie sich hier jemand zurechtfinden kann. Mit Ihrem »Sterne-Kompaß« können Sie es jetzt!
Auf 56 speziell konstruierten Karten sind für jede Jahreszeit und für jede Nachtstunde die von fast allen Orten der Erde aus sichtbaren Sterne, Sternbilder und Planeten erfaßt. Auch der südliche Sternhimmel wurde in diese Darstellung mit einbezogen; in welchem Erdteil auch immer Sie Ihren Urlaub verbringen – im südlichen Europa, in Nordafrika, Amerika oder Neuseeland – mit Hilfe des »Sterne-Kompaß« können Sie sich überall und zu jeder Nachtstunde am Himmel orientieren.
Die Lektüre der »Einführung in die Sternkunde« (→ Seite 4) hilft dem Leser ohne astronomische Grundkenntnisse, das einzigartige Zusammenspiel der Himmelskörper zu verstehen; »Hobby-Astronomen« mit Erfahrung in der Sternkunde können sofort auf Seite 15 »Die Sternkarten und wie man sie benutzt« weiterlesen.
In der vorliegenden Neuausgabe 1987 bis 1989 wurden nicht nur die letzten Ergebnisse der astronomischen Forschung eingearbeitet, sondern es sind auch Neuheiten enthalten, zum Beispiel:

- Genauer Beginn von Frühling, Sommer, Herbst und Winter;
- die Jahreszeiten auf dem Planeten Mars;
- eine spektakuläre Aufnahme des Planeten Uranus durch die amerikanische Raumsonde Voyager II.

Ein wesentlicher Vorteil dieses Sternführers im Miniformat: Er paßt in Hemd- und Hosentasche und bequem ins Reisegepäck. Für Reisende ist er besonders gut geeignet, denn er kann überallhin leicht mitgenommen werden und bleibt in keinem Land der Erde die Antwort auf astronomische Fragen schuldig.

*Dr. Joachim W. Ekrut*

dicht bei der Sonne und wendet uns die unbeleuchtete Seite zu (Neumond).

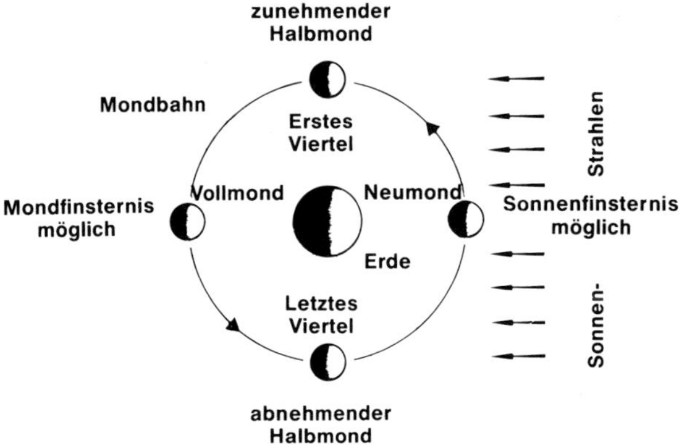


Bei seiner Wanderung um die Erde kann der Mond die eindrucksvollsten Himmelserscheinungen überhaupt erzeugen: die Mond- und Sonnenfinsternisse. Die Abbildung unten zeigt wieder die Entstehung. Erde und Mond werfen wie jeder angestrahlte Körper einen Schatten. Fällt der irdische Schatten auf den Mond, erleben wir eine Mondfinsternis, umgekehrt erzeugt der Schatten des Mondes beim Auftreffen auf die Erde eine Sonnenfinsternis.

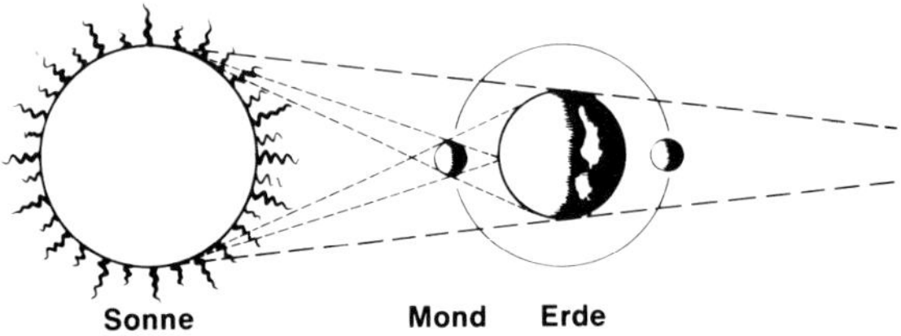


Mond- und Sonnenfinsternisse sind leider recht selten. Sie sind auch nicht überall auf der Erde zu beobachten. Für die Jahre 1987, 1988 und 1989 sind alle Mond- und Sonnenfinsternisse bei den Sternkarten beschrieben.

So erscheint der Planet Saturn aus einer Entfernung von 18 Millionen Kilometern – gesehen durch die Kameras der Raumsonde Voyager I am 30. Oktober 1980. Der Schatten, den seine Ringe auf die Planetenoberfläche werfen, ist in der Mitte 100 000 km breit. Die Ringe bestehen aus Milliarden kleiner Staubpartikel und Eisstückchen, die den Saturn umkreisen.

## Von Merkur bis Pluto

Die Erde dreht sich nicht nur innerhalb eines Tages einmal um sich selbst, sie bewegt sich auch um die Sonne, und zwar genau in einem Jahr. Bei dieser Wanderung ist sie jedoch nicht allein – mit ihr laufen acht andere »Planeten« um das Zentralgestirn des sogenannten »Sonnensystems«. Es sind mit immer größer werdendem Abstand zur Sonne: **M**erkur – **V**enus – **E**rde – **M**ars – **J**upiter – **S**aturn – **U**ranus – **N**eptun – **P**luto. Ihre Namen kann man sich sehr leicht mit Hilfe eines Merkspruchs einprägen: »**M**ein **V**ater **e**rklärte **mi**r **j**eden **S**onntag **u**nsere **n**eun **P**laneten.«

Die südliche Hälfte des Planeten Jupiter, aufgenommen von der Raumsonde Voyager II am 25. Juni 1979 aus 12 Millionen Kilometer Entfernung. Vor den turbulenten Wolken des Jupiter schwebt der kleine Mond Io.

Die Planeten unterscheiden sich stark voneinander; manche sind erheblich größer als die Erde – wie der größte von allen, Jupiter. Einige sind bis zu 400 Grad heiß wie Merkur, den wegen seiner geringen Entfernung zur Sonne die volle Stärke ihrer Strahlen trifft; auf anderen herrschen bis zu minus 230 Grad, wie auf Pluto, der 5,9 Milliarden Kilometer (40mal weiter als die Erde) von der Sonne entfernt ist. Allerdings können von den 9 Planeten lediglich 5 mit bloßem Auge gesehen werden. Uranus, Neptun und Pluto lassen sich nur mit dem Fernrohr erkennen. Das gilt auch für den eindrucksvollen Ring, der den Planeten Saturn (→ Seite 6) umgibt.

## Himmlische Blitze – die Sternschnuppen

Häufig sind in einer klaren Nacht kurzdauernde Leuchterscheinungen am Himmel zu sehen – die Sternschnuppen. Diese teilweise sehr auffälligen, rasend schnell durch den Himmel ziehenden leuchtenden Spuren werden durch winzig kleine Staubkörnchen oder Eispartikel erzeugt, die aus dem Weltraum kommen und in die Erdatmosphäre eindringen. Dabei erhitzen sie sich sehr stark, regen durch ihre Geschwindigkeit die Luft zum Leuchten an und verglühen dabei vollständig. Schon ein Staubkörnchen von weniger als einem Gramm Gewicht kann eine Sternschnuppe erzeugen, die heller leuchtet als die hellsten Sterne!

## Die Fixsterne: Leuchtfeuer im All

Wer in einer klaren Nacht, weitab vom Dunst einer Großstadt, zum Himmel schaut, hat den Eindruck, unzählbar viele Sterne zu sehen – tatsächlich sind »nur« rund 2500 mit dem bloßen Auge zu erkennen. Erst beim Blick durch ein Fernglas oder Fernrohr steigt die Zahl der sichtbaren Sterne auf Hunderttausende bis einige Millionen an. Alle Sterne gehen, genau wie Sonne, Mond und Planeten, auf und unter, weil sich die Erde in einem Tag einmal um sich selbst dreht. Ansonsten aber zeigen sie praktisch keine Bewegung; ihre Stellung zueinander verändern sie so gut wie nicht. Die Astronomen des Altertums nannten sie daher die »Fixsterne«, also die feststehenden, die fixierten Sterne.

Der Grund für den vermeintlichen Stillstand liegt in den unglaublich großen Entfernungen der Fixsterne zur Erde. Auch auf der Erde meinen wir, ein an uns vorbeifahrender Zug bewege sich sehr viel schneller als ein hoch am Himmel fliegendes Flugzeug – tatsächlich ist das Flugzeug einige hundert Kilometer pro Stunde schneller.

Die Sterne sind so weit von der Erde entfernt, daß die Astronomen gezwungen waren, ein neues Entfernungsmaß einzuführen, das »Lichtjahr«.

Ein Lichtjahr ist die Strecke, die das Licht (Geschwindigkeit: 300 000 Kilometer pro Sekunde, also etwa 7½mal um den Erdäquator) in genau einem Jahr zurücklegt. Das entspricht einer Länge von 9,46, also rund 10 Billionen Kilometer – einer Eins mit 13 Nullen.

Den Kometen Halley hat Dr. Thorsten Neckel auf dem Gamsberg, Südwest-Afrika, am 17. März 1986 um 3.26 bis 3.46 Uhr aufgenommen.
Kometen, auch »schmutzige Schneebälle« genannt, haben etwa 15 bis 20 km Durchmesser. Beim Vorbeiflug an der Sonne werden sie stark erhitzt, verdampfen – und ergießen so das gebildete Gas in einem gewaltigen Schweif in den Weltraum. Da sie sehr lange Bahnen um die Sonne ziehen und teilweise Jahrtausende für einen Umlauf benötigen, läßt sich ihre Wiederkehr nicht vorherberechnen – mit wenigen Ausnahmen wie beim Kometen Halley. Nach dem Jahr 1910 wurde der Komet Halley zum ersten Mal wieder am 16. Oktober 1982 entdeckt und leuchtete Anfang 1986 eindrucksvoll am Südhimmel.

Warum kann man die Fixsterne bei solch unglaublichen »astronomischen« Entfernungen überhaupt noch sehen? Weil sie gewaltige Mengen an Wärme und Licht abstrahlen, genau wie unsere Sonne. Alle Fixsterne sind Sonnen, manche größer, manche kleiner.
Fixsterne und Planeten also sind völlig unterschiedliche Himmelskörper: Fixsterne sind glühende Gaskugeln, die eigenes

Licht erzeugen; Planeten dagegen kalte, feste Körper, die um die Sonne kreisen und von ihr beleuchtet werden. Die Fixsterne sind Lichtjahre, also Billionen Kilometer, von uns entfernt – Planeten kommen der Erde viel näher; ihre Entfernung zählt »nur« nach Millionen und Milliarden Kilometern. Planeten (der treffende deutsche Ausdruck lautet »Wandelsterne«) stehen, im Gegensatz zu den Fixsternen, nicht fest am Himmel; weil sie um die Sonne laufen, verändern sie ihre Stellung auch von der Erde aus gesehen und sind mal in diesem, mal in einem anderen Sternbild zu sehen.

**Die Sternbilder**

Nach der griechischen Sage herrschten einst der König Kepheus und seine Gattin Kassiopeia über Äthiopien. Eines Tages prahlte Kassiopeia, daß sie schöner sei als die Göttinnen, worauf diese ein Meeresungeheuer schickten, das ihr Land verwüstete. Auf den Rat der Priester hin wollte das Königspaar seine Tochter Andromeda dem Untier opfern, doch in letzter Sekunde griff der Held Perseus ein, besiegte das Ungeheuer und befreite Andromeda. Die Götter versetzten daraufhin alle an den Himmel, wo sie noch heute als Sternbilder sichtbar sind – sogar das Meeresungeheuer als Sternbild Walfisch.
Das ist nur eine der unzähligen Sagen, die sich alte Völker erzählten und deren Hauptpersonen sie am Himmel wiederzuerkennen glaubten. Aus hellen Sternen formten sie Figuren und gaben ihnen phantastische Namen. Anders liegen die Verhältnisse am Südhimmel, wo wir so überraschende Namen wie »Luftpumpe« finden. Viele der südlichen Sternbilder wurden erst im 18. Jahrhundert benannt, als die Astronomen für die schönen Sagen des Altertums kein Verständnis mehr hatten und lieber die neuesten Errungenschaften der Technik an den Himmel setzten – eine davon war damals die Luftpumpe. Aus einer Vielzahl von Überlieferungen haben die Astronomen heute insgesamt 88 Sternbilder ausgewählt und ihre Grenzen international verbindlich festgelegt. Von diesen 88 Sternbildern erscheinen die 57 auffälligsten in den Karten des »Sterne-Kompaß«. Alle zeigen eine charakteristische Figur. Die Sternbilder sind heute nur noch nützliche Orientierungshilfen, um sich am Sternhimmel zurechtzufinden, sozusagen »Planquadrate des Himmels«.

## Ekliptik und Tierkreis

12 Sternbilder sind besonders wichtig: Widder – Stier – Zwillinge – Krebs – Löwe – Jungfrau – Waage – Skorpion – Schütze – Steinbock – Wassermann – Fische: die Tierkreis-Sternbilder. Durch diese Sternbilder verläuft eine der wichtigsten (gedachten) Linien, die in der Sternkunde als Hilfsmittel benutzt werden, die »Ekliptik«: die Bahn, die unsere Sonne im Laufe eines Jahres scheinbar am Himmel beschreibt. Tatsächlich läuft die Erde in einem Jahr einmal um die Sonne und nicht umgekehrt. Wirklich sehen könnte die Erdbewegung aber nur, wer Sonne und Erde aus dem Weltraum betrachtet. Wenn wir von der Erde aus zur Sonne schauen, haben wir den Eindruck, als wandere sie am Himmel entlang. Diese Wanderung vollführt sie exakt auf der Ekliptik an den Tierkreis-Sternbildern vorbei.
Die scheinbare Bewegung der Sonne ist dafür verantwortlich, daß verschiedene Sternbilder nur im Sommer, andere wieder nur im Winter sichtbar sind. Angenommen, die Sonne steht vor den Sternen des Löwen, so geht dieses Sternbild morgens mit ihr auf. Alle Sterne in der Umgebung des Löwen befinden sich also zusammen mit der Sonne am Tage über dem Horizont; zu sehen sind sie dann natürlich nicht, weil die gleißend helle Sonne ihr Licht völlig überstrahlt. Abends versinken sie mit ihr im Westen, sind also auch in der Nacht nicht zu sehen. Erst wenn die Sonne ein halbes Jahr später vom Löwen weggewandert und im gegenüberliegenden Sternbild Steinbock angekommen ist, gehen der Löwe und seine Nachbarn am Sternhimmel abends im Osten auf, wenn die Sonne im Westen untergeht – jetzt können wir sie während der Nacht sehen. Weil die Sonne diese scheinbare, jährliche Wanderung mit großer Präzision vollführt, sind in jedem Jahr zu einem bestimmten Monat und Tag immer dieselben Sterne und Sternbilder zu sehen.
Alle Planeten und der Mond bewegen sich auch entlang der Ekliptik. Dadurch erlangt sie natürlich eine große Bedeutung für die Beobachtung von Mond und Planeten. Wir sehen sie immer nur entlang dieser gedachten Linie, das heißt nur vor den Sternen der Tierkreis-Sternbilder (»vor« ist im wahrsten Sinne des Wortes räumlich zu verstehen, denn die Planeten sind ja Millionen bis Milliarden, die Fixsterne dagegen viele Billionen Kilometer weit weg).
Die Namen der Tierkreis-Sternbilder (wie Widder, Stier, Zwillinge) kennen Sie auch aus dem Horoskop; eines von ihnen ist

Die Große Magellansche Wolke (GMW) gehört zusammen mit der Kleinen Magellanschen Wolke (KMW) zu den Galaxien, die der Erde am nächsten liegen.

Ihr sogenanntes »Geburtssternzeichen«. Mit den Tierkreis*zeichen* des Horoskops wollen wir uns im »Sterne-Kompaß« nicht weiter beschäftigen, denn sie haben mit unseren Tierkreis-*Sternbildern* außer den Namen nichts gemein (→ Seite 79).

## An den Grenzen des Alls: Milchstraße und Galaxien

Eines der eindrucksvollsten Himmelsobjekte ist die Milchstraße: Es ist die Lichtflut vieler Milliarden Sterne. Jeder von ihnen, stünde er vereinzelt am Himmel, wäre zu leuchtschwach, um gesehen zu werden; alle zusammen jedoch erstrahlen als schimmerndes Band. Zwischen den Milliarden von Sternen liegen Wolken aus dunklem Staub, die manchmal das Sternenlicht nicht zur Erde durchdringen und die Milchstraße zerrissen

Der bekannte Pferdekopf-Nebel (die dunkle Stelle im Zentrum zeigt die Umrisse eines Pferdes): eine Wolke von Staub, wie sie häufig in der Milchstraße vorkommt.

erscheinen lassen (→ Pferdekopf-Nebel Seite 13). Außer der Milchstraße gibt es im Weltall noch eine unschätzbare Zahl ähnlicher aus Sternen, Staub und Gas zusammengesetzter Gebilde, die »Galaxien«, das heißt übersetzt Milchstraßensysteme (von griech. gala = Milch). Die Gesamtzahl aller Galaxien – Hunderttausend bis Millionen Lichtjahre entfernt – erfüllt dann das Universum, zu dessen Erforschung den Astronomen heute eine unglaubliche Vielfalt von Instrumenten zur Verfügung steht: von Radioteleskopen und Spiegelteleskopen über eine Vielzahl von Erdsatelliten, die astronomische Objekte außerhalb der Erdatmosphäre beobachten, bis hin zu der Raumsonde Voyager II, die nach Jupiter, Saturn und Uranus 1989 auch noch den Planeten Neptun erreichen wird.

# Tabelle der Planeten und Fixsterne

**Die Planeten**

| Name | Entfernung zur Sonne (Mill. km) | Durchmesser (km) | Masse* | Zahl der Begleiter |
|---|---|---|---|---|
| Merkur | 57,9 | 4840 | 0,05 | – |
| Venus | 108,2 | 12104 | 0,81 | – |
| Erde | 149,6 | 12742 | 1 | 1 (der Mond) |
| Mars | 227,9 | 6794 | 0,11 | 2 |
| Jupiter | 778 | 142790 | 318 | 16 |
| Saturn | 1427 | 120000 | 95 | 17 |
| Uranus | 2870 | 50800 | 14 | 15 |
| Neptun | 4496 | 48600 | 17 | 2 |
| Pluto | 5940 | 3000 | 0,002 | 1 |

* In Erdmassen: 1 = 5976 Trillionen Tonnen

**Die 10 hellsten Fixsterne**

| Name | Sternbild | Entfernung zur Erde (in Lichtjahren) | Masse* | Durchmesser (in Sonnendurchmessern) |
|---|---|---|---|---|
| (Sonne) | – | (149,6 Mill. km) | 1 | (1,4 Mill. km) |
| Sirius | Großer Hund (→ Seite 55) | 8,9 | 3 | 1,7 |
| Canopus | Schiffskiel (→ Seite 77) | 370 | 12 | 60 |
| Toliman (Alpha Centauri) | Zentaur (→ Seite 76) | 4,2 | 1 | 1 |
| Wega | Leier (→ Seite 59) | 26 | 4 | 3 |
| Capella | Fuhrmann (→ Seite 38) | 46 | 3 | 16 |
| Arctur | Bärenhüter (→ Seite 35) | 36 | 4 | 26 |
| Rigel | Orion (→ Seite 58) | 1300 | 30 | 19 |
| Procyon | Kleiner Hund (→ Seite 58) | 11 | 2 | 2 |
| Achernar | Eridanus (→ Seite 74) | 78 | 6 | 9 |
| Altair | Adler (→ Seite 54) | 16 | 2 | 1,6 |

* In Sonnenmassen: 1 = 2000 Quadrillionen Tonnen

# Die Sternkarten und wie man sie benutzt

Die Himmelskugel, die uns zu umgeben scheint, haben die Astronomen – analog der Erdkugel – in eine südliche und eine nördliche Hälfte eingeteilt; sie hat einen Himmelsnordpol und einen Himmelssüdpol, die genau über den entsprechenden Polen der Erde liegen, sie hat auch einen Himmelsäquator. So wie es auf der Erde nördliche und südliche Länder gibt, gibt es am Himmel Nord- und Südsternbilder. Von jedem Punkt der Erde aus ist nur eine Hälfte der Himmelskugel sichtbar, die andere liegt unter dem kreisförmigen Horizont. Die jeweils sichtbare Hälfte der Himmelskugel ist auf der Sternkarte abgebildet.

## Was zeigen die Karten?

Alle Karten zeigen ausschließlich Fixsterne. Wir haben sie nach ihrer Helligkeit in drei Klassen unterteilt; die leuchtschwächsten Sterne haben die kleinsten Punkte bekommen, die hellsten die größten – am dunstigen, durch Großstadtlichter aufgehellten Himmel sind praktisch nur sie zu sehen. Auch sind sie die ersten, die in der Abenddämmerung aufleuchten.
Die Namen auf den runden Sternkarten sind jeweils die Namen der Sternbilder. Die Sternbilder selbst sind durch kleine Hilfslinien sichtbar gemacht, damit Sie sofort die charakteristische Figur der Sterne eines Sternbildes erkennen können (→ Umschlagseite 2). Wenn Sie so mit Hilfe der runden Sternkarten einen Überblick über den Sternenhimmel gewonnen haben, wollen Sie sicher über manche Sterne und Sternbilder Näheres erfahren. Die wichtigsten Sternbilder sind jeweils im Anschluß an die Sternkarten dargestellt. Hier finden Sie die Namen besonders heller Sterne. Um Ihnen die Orientierung zu erleichtern, ist jeweils ein Richtungspfeil angegeben, der zum Himmelsnordpol NP oder Himmelssüdpol SP zeigt. Diese Buchstaben finden Sie auch auf den runden Sternkarten, und so können Sie jedes einzelne Sternbild am nächtlichen Himmel richtig einordnen. Die in den runden Karten erscheinende Ekliptik ist eine nur gedachte Linie (→ Seite 10). Aber die Karte zeigt ihren Verlauf an hellen Sternen vorbei, so daß man sich leicht vorstellen kann, wo sie am Himmel zu denken ist. Die hellgetönte Fläche ist die Milchstraße; ihre dunklen Stellen (→ Seite 12) sind ebenfalls dargestellt.

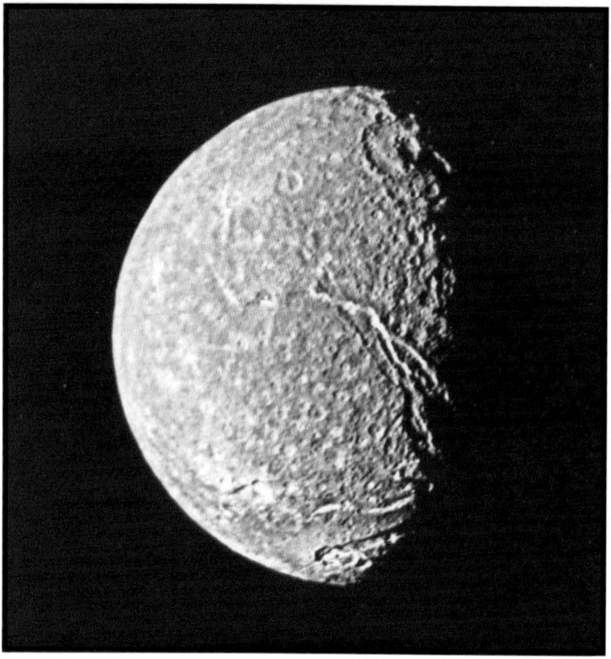

Der Flug der amerikanischen Raumsonde Voyager II hat sich zu einem der bemerkenswertesten und spektakulärsten Raumflüge der Geschichte entwickelt. Seit 10 Jahren, seit dem 20. August 1977, fliegt dieses Raumschiff zu den Planeten des äußeren Sonnensystems. Nach Vorbeiflügen am Jupiter im Jahre 1979 (→ Seite 7) und am Saturn im Jahre 1981 (→ Seite 6) erreichte die Raumsonde am 24. Januar 1986 den Uranus und sandte Farbfernsehaufnahmen aus einer Entfernung von 2,91 Milliarden Kilometern zur Erde. Während sich der Uranus als ein weißbläulich schimmernder Planet ohne Einzelheiten zeigte (vermutlich infolge von hochliegenden, undurchdringlichen Nebelbänken), boten seine Monde ein faszinierendes Bild. Der Mond Titania zum Beispiel, der größte Begleiter des Uranus mit einem Durchmesser von 1600 km, wurde von Voyager II am 24. Januar 1986 aus einer Entfernung von 369000 km aufgenommen. Man erkennt noch Einzelheiten von 13 km Durchmesser. Tiefe Grabenbrüche mit einer Länge von 1500 km und einem Durchmesser von bis zu 75 km ziehen sich quer über die von Kratern zerfurchte Oberfläche des Mondes zum unbeleuchteten Teil. Die vielen Krater erinnern zum Teil an die Mondoberfläche. Titania besitzt ganz oben sogar einen Krater mit einem Durchmesser von 300 km. Voyager II entdeckte über 10 neue Monde des Uranus, mehrere Ringe ähnlich den Saturnringen und befindet sich nach seinem überaus erfolgreichen Flug auf dem Weg zum Neptun, der 1989 erreicht wird.

## Wie benutzt man die Karten?

Beim Blick nach Norden (N) liegt auf der Erde Osten (O) rechts und Westen (W) links. Auf der Karte aber erscheinen die Himmelsrichtungen vertauscht. Dies erklärt sich folgendermaßen: Die Karte zeigt ein Abbild der Himmelshalbkugel über Ihnen, man müßte sie daher an sich bei der Beobachtung über sich halten. Tun Sie dies bitte einmal zur Probe und lassen Sie dabei das N der Karte nach Norden weisen – Sie sehen: die Himmelsrichtungen liegen genau richtig!

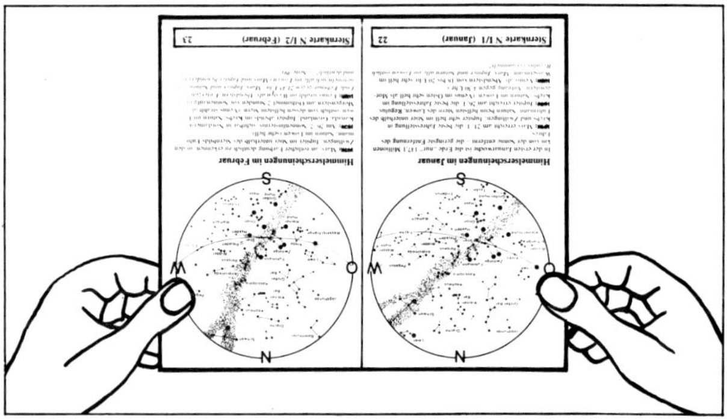


Da es in der Praxis zu umständlich wäre, die Karten auf diese Weise zu lesen, ist es üblich, es folgendermaßen zu tun: Halten Sie die Karte senkrecht vor sich, lassen Sie die Himmelsrichtung, die Sie betrachten wollen, zum Boden weisen – also beim Blick nach Osten muß das O unten stehen, beim Blick nach Norden das N unten. Das Buch ist zwar dann verdreht oder steht gar auf dem Kopf (Abbildung oben); der Himmelsanblick aber stimmt mit dem Kartenteil über dem Buchstaben der Himmelsrichtung genau überein (wie auf der Umschlagseite 2 dargestellt) – und nur das ist wichtig.

Die Himmelsrichtungen finden Sie ganz leicht: Auf der Erdnordhalbkugel helfen der Große Wagen und der Polarstern (→ Seite 37), der immer im Norden leuchtet. Wie man auf der Erdsüdhalbkugel, wo es keinen Polarstern gibt, den Himmelssüdpol findet, ist auf den Karten S 2 und S 8 erklärt (→ Seite 63 und 69).

**Wo gelten die Karten?**

Die Sichtbarkeit der Sterne hängt (neben der Tages- und Jahreszeit) von der geographischen Breite des Ortes ab, von dem aus Sie beobachten. Der Anblick des Himmels ist im »Sterne-Kompaß« in drei Kategorien eingeteilt – einmal für 50 Grad Nord (N I), dann für 30 Grad Nord (N II) und schließlich für 20 Grad Süd (S). Von diesen Grundwerten kann die geographische Breite ihres Beobachtungsortes bis zu 10 Grad abweichen, ohne daß sich der Himmelsanblick wesentlich ändert – der »Sterne-Kompaß« läßt sich also in fast allen Teilen der Erde verwenden. Suchen Sie daher auf der Erdkarte (→ Seite 21, 41 oder 61) den Ort, an dem Sie sich befinden.

**Wann gelten die Karten?**

Jede runde Sternkarte zeigt den Anblick des Himmels in dem Monat, der im Kennstreifen am Fuß der Seite angegebenen ist – für Anfang des Monats 21.30 Uhr, Mitte des Monats 20.30 Uhr und Ende des Monats 19.30 Uhr. Diese Uhrzeit brauchen Sie sich nicht genau zu merken – wenn Sie zwischen 20.00 und 22.00 Uhr zum Himmel schauen wollen, achten Sie nur auf die Monatsangabe im farbigen Kennstreifen.
Seit 1980 gilt in allen europäischen Ländern die Sommerzeit. Zwischen April und Oktober werden in jedem Jahr die Uhren eine Stunde vorgestellt. Die genauen Daten sind für Deutschland bei den einzelnen Monaten angegeben. Das bedeutet: Die Karten der Serie N I und N II gelten von April bis Oktober für Anfang des Monats 22.30 Uhr, Mitte des Monats 21.30 Uhr und Ende des Monats 20.30 Uhr, also zwischen 21.00 und 23.00 Uhr. Auf der Südhalbkugel liegen die Jahreszeiten anders. Unserem Sommer entspricht dort der Winter. Sollten Sie die Karten der Serie S benutzen, erkundigen Sie sich bitte, ob an Ihrem Beobachtungsort gerade die Sommer- oder die Winterzeit gilt.
Beachten Sie, daß die Übergänge zwischen den Monaten fließend sind, was insbesondere in den ersten und letzten Tagen deutlich wird. Wer am 30. Juli um 23.00 Uhr die Sterne bestimmen will, sollte schon Karte 8 (August) nehmen, denn sie gilt für Anfang August 22.30 Uhr. Umgekehrt wäre für eine Beobachtung am 3. Mai gegen 20.45 Uhr Karte 4 (April) zu empfehlen, weil sie den Himmelsanblick Ende April um 20.30 Uhr zeigt.

Wenn Sie zu einer anderen Zeit als zwischen 20.00 und 22.00 Uhr (bei Sommerzeit 21.00 und 23.00 Uhr) beobachten, schlagen Sie bitte die Tabelle auf der Umschlagseite 3 auf. Suchen Sie dort den Monat in der waagerechten und die gewünschte Uhrzeit in der senkrechten Spalte: Die Zahl am Schnittpunkt ist die Nummer der richtigen Karte.
Zum Beispiel: Sie möchten in Süditalien (die Erdkarte auf Seite 41 zeigt Ihnen, daß Sie die Kartenserie N II verwenden müssen) am 10. Juli um 1.00 Uhr Sterne bestimmen. Im Juli gilt Sommerzeit, das heißt, es ist eine Stunde von der Zeitangabe Ihrer Uhr abzuziehen, also 24.00 beziehungsweise 0.00 Uhr. Der Schnittpunkt der Spalte »Anfang Juli« und der Zeile »23.00 bis 24.00 Uhr« ergibt die Ziffer 8. Es gilt also Karte N II/8 auf Seite 49. Oder: Sie befinden sich in Deutschland und wollen am 28. Dezember gegen 4.30 Uhr früh wissen, wo der Orion steht. Der 28. Dezember kann bereits zu Anfang Januar gerechnet werden, und beim Schnittpunkt der betreffenden Spalten steht: nichts! Der fehlende Himmelsausschnitt entspricht dem zwischen den Karten Nr. 5 und 4. Wir nehmen daher N I/5 (Deutschland) auf Seite 26 und ziehen eventuell bei einem Stern dicht am Horizont Karte N I/4 zu Rate. Stören Sie sich bitte nicht daran, daß Sie jetzt Karten benutzen, auf denen (im ersten Beispiel) August und (im zweiten Beispiel) Mai steht, obwohl Sie einmal im Juli und dann im Dezember beobachten. Diese Monatsangaben gelten ja nur für die übliche Beobachtungszeit zwischen 20.00 und 22.00 Uhr (beziehungsweise bei Sommerzeit 21.00 und 23.00 Uhr)!

**Wann und wie sieht man die Planeten?**

Die Planeten und der Mond sind nicht in den Sternkarten verzeichnet, denn Mond und Planeten bewegen sich so rasch am Himmel, daß sie für jedes Jahr neu eingezeichnet werden müßten. Bei der Suche nach dem Standort der Planeten gilt daher: Mond und Planeten sind immer auf der in jeder Sternkarte eingezeichneten Ekliptik zu finden. Da wir dort nur die Tierkreis-Sternbilder (→ Seite 10) vorfinden, tauchen auch nur deren Namen auf. Es wird beschrieben, wo die Planeten abends (etwa bis Mitternacht) zu sehen sind; es folgt in Klammern die Angabe, wo sie morgens (ab Mitternacht) stehen.
Bei den Sternkarten der Serie N I sind alle Zeiten von April bis September bereits in Sommerzeit berechnet. Fast alle Länder in

diesem Breitengürtel der Erde benutzen die Sommerzeit. Bei den Karten der Serie N II sind die Uhrzeiten von April bis Oktober alternativ angegeben. Sie sollten sich daher erkundigen, ob in Ihrem Reiseland die Sommerzeit gilt.
Auch hierzu einige Beispiele: 1989 kann der Planet Saturn im Mai für Erdorte mit einer geographischen Breite zwischen 40 und 60° Nord (Kartenserie N I) ab 2 Uhr im Sternbild Schütze gesehen werden (→ Seite 26). Im Mai gilt die Sommerzeit. Nach der Tabelle auf der Umschlagseite 3 ist daher von der angegebenen Uhrzeit eine Stunde abzuziehen. Sieht man in der Zeile 0–1 Uhr die Spalte Mai, erkennt man, daß die Karte N I/7 gilt. Auf dieser Karte auf Seite 28 verläuft die Ekliptik durch die Sternbilder Skorpion und Schütze zum Südosthorizont. Dort, auf der Ekliptik im Sternbild Schütze, muß der Saturn morgens um 2 Uhr Sommerzeit stehen. Ende Mai, Anfang Juni gilt bereits die Karte N I/8. Auf dieser Karte ist der Schütze und damit die Ekliptik schon wesentlich höher in den Süden gestiegen, so daß der Planet Saturn Ende des Monats morgens besser beobachtet werden kann. Welcher leuchtende Punkt am Himmel nun Mars, Jupiter, Saturn, Merkur oder Venus ist, zeigen Ihnen abschließend folgende Hinweise:

- Generell gilt, daß alle Planeten sehr hell sind und nur mit hellen Sternen verwechselt werden könnten. Ihr Licht flimmert nicht, sondern erscheint immer ruhig und klar!
- Merkur ist von allen Planeten am schwierigsten zu beobachten. Er taucht nur tief am Westhimmel nach Sonnenuntergang für maximal eine Stunde auf oder ist morgens vor Sonnenaufgang in der Morgendämmerung im Osten für ebenfalls maximal eine Stunde zu erkennen.
- Auch Venus kann nur nach Sonnenuntergang im Westen als Abendstern oder vor Sonnenaufgang im Osten als Morgenstern gesehen werden. Venus strahlt von allen Himmelskörpern immer am hellsten (Mond und Sonne einmal ausgenommen)!
- Mars kann an seiner roten Färbung (die allerdings mehr ein rötlicher Schimmer ist) leicht erkannt werden. Man nennt ihn auch den »roten Planeten«.
- Jupiter ist immer sehr hell (heller als Mars und Saturn, aber schwächer als Venus). Außerdem strahlt er in deutlich gelblichem Licht.
- Saturn schließlich leuchtet in einem neutralen Weiß. Bis 1989 hält er sich ständig bei den Sternen der Sternbilder Skorpion, Schlangenträger und Schütze auf (→ Seite 79).

# Sternkarten-Serie N I

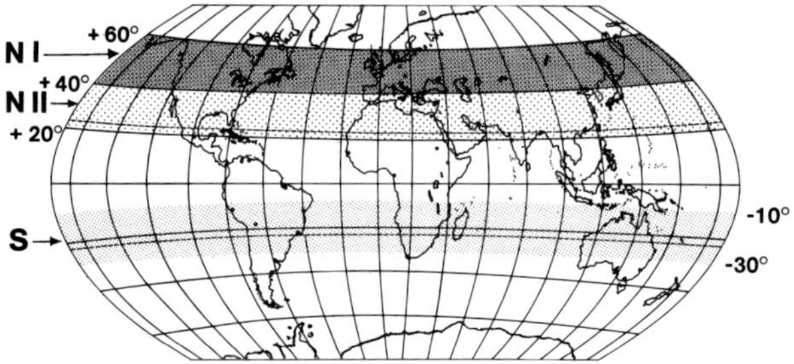


## Sternkarten und Sternbilder

für die geographische Breite von 40 bis 60 Grad Nord. Gilt für die Länder Nord-, Mittel- und Osteuropas: Beneluxländer, Skandinavien, Deutschland, Österreich, Schweiz, Norditalien, Frankreich, Großbritannien, Polen, CSSR, Ungarn, Rumänien, Jugoslawien, Bulgarien; die nördlichen USA, Kanada und die Länder der UdSSR.

## Zu beachten:

Wenn Sie weiter nach Süden fahren, benutzen Sie die Sternkarten der Serie N II (→ Seite 41). Sollten Sie nördlich des 60. Breitengrades Sterne bestimmen wollen, werden Sie bemerken, daß die Sterne im Süden tiefer und die im Norden höher stehen. Die Stellung der Sterne und Sternbilder zueinander ändert sich nicht.
Zwischen April und Oktober gilt in vielen Ländern die Sommerzeit (→ Seite 19). Die Planetenstellungen sind während dieser Monate daher in Sommerzeit angegeben.

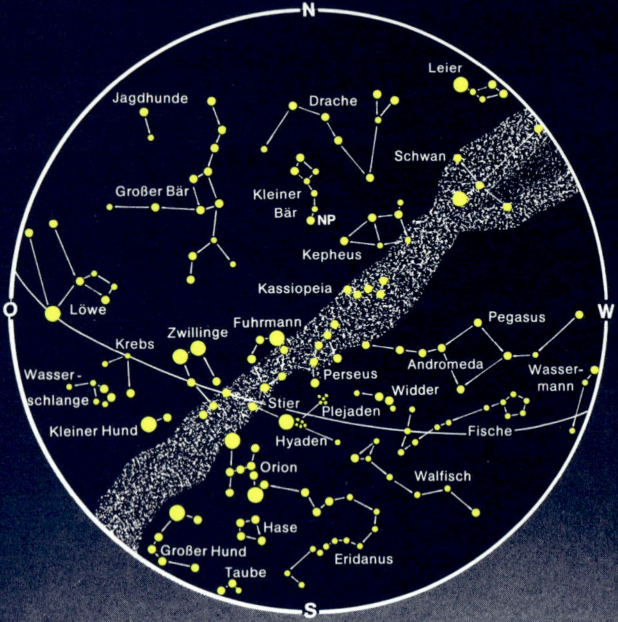


## Himmelserscheinungen im Januar

Die Entfernung der Erde zur Sonne ist am geringsten; sie beträgt »nur« 147,1 Millionen km. 1987 am 4. 1.; 1988 am 4. 1.; 1989 am 1. 1.

**1987:** Am 29. 1. Neujahrsfest des chinesisch-japanischen Kalenders. Mars in den Fischen, Jupiter im Wassermann. (Venus und Saturn im Südosten ab 6 Uhr bis Sonnenaufgang; beide stehen am 24. 1. sehr eng zusammen im Skorpion.)

**1988:** Venus Abendstern am Westhimmel in Steinbock und Wassermann, von 17 bis 19 Uhr (31. 1.: 21 Uhr) sichtbar; Jupiter in den Fischen. (Mars ab 5 Uhr im Osten in den Sternbildern Waage und Skorpion; Saturn ab 6 Uhr am Osthimmel.)

**1989:** Mars in den Fischen; Jupiter im Stier.

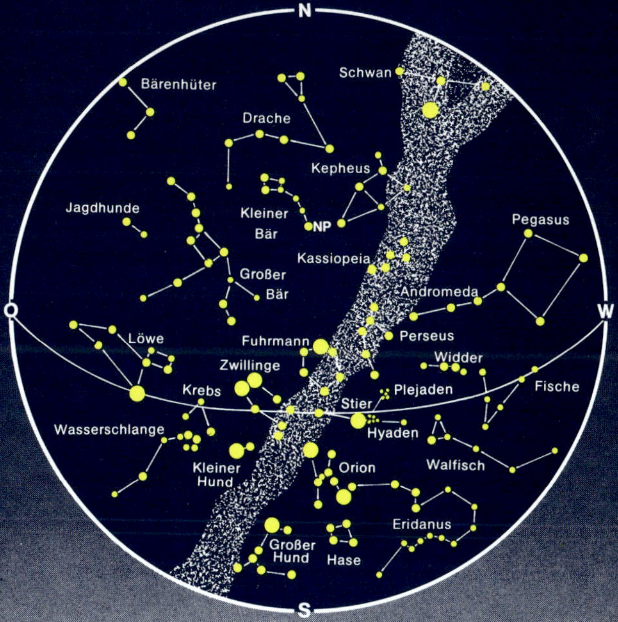


## Himmelserscheinungen im Februar

**1987:** Mars in den Fischen; Jupiter im Westen, Untergang gegen 19 Uhr im Sternbild Wassermann. (Venus als Morgenstern am Südosthimmel von 5.30 bis 7 Uhr; Saturn im Südosten, Aufgang gegen 5 Uhr.)

**1988:** Am 17. 2. Neujahrsfest des chinesisch-japanischen Kalenders. Venus als Abendstern bis etwa 22 Uhr am Westhimmel; Jupiter im Sternbild Fische. (Saturn und Mars am 23. 2. sehr eng zusammen ab 6 Uhr am Osthimmel.)

**1989:** Am 6. 2. Neujahrsfest des chinesisch-japanischen Kalenders. Am 20. 2. totale Mondfinsternis über Nordamerika und Asien, in Deutschland, Österreich und der Schweiz abends sichtbar. Mars im Widder (am 16. 2. Frühlingsanfang auf dem Mars); Jupiter im Stier. (Saturn ab 6 Uhr am Südosthimmel.)

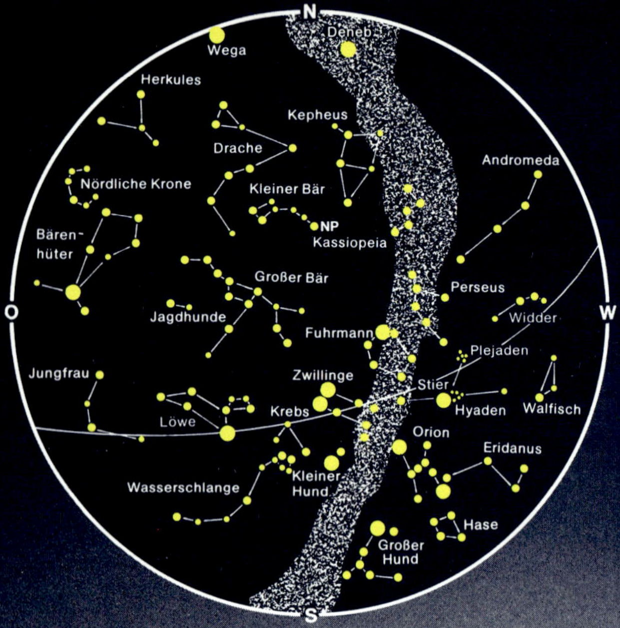


# Himmelserscheinungen im März

Der Frühling beginnt 1987 am 21. 3. um 5 Uhr, 1988 am 20. 3. um 11 Uhr, 1989 am 20. 3. um 16 Uhr.

**1987:** Mars im Widder. (Saturn ab 3 Uhr, Venus ab 6 Uhr im Osten; Saturn im Skorpion; Venus im Steinbock.)

**1988:** Am 18. 3. totale Sonnenfinsternis, teilweise sichtbar in Japan, der östlichen UdSSR und Alaska; Venus als Abendstern bis 23 Uhr im Widder und Stier, am 6. 3. sehr eng mit Jupiter. (Saturn ab 4 Uhr, Mars ab 5 Uhr am Osthimmel.)

**1989:** Am 7. 3. teilweise Sonnenfinsternis in Kanada, Grönland und westlicher USA. Am 12. 3. Jupiter und Mars sehr eng zusammen im Stier. (Saturn ab 4 Uhr am Osthimmel.)

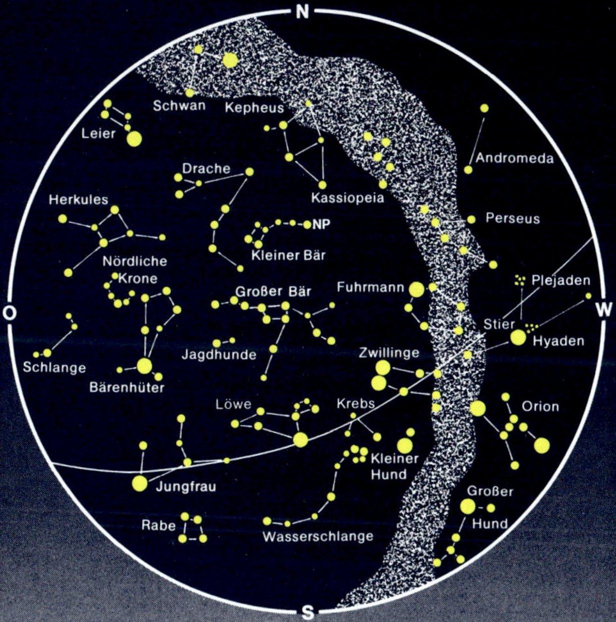


## Himmelserscheinungen im April

Von diesem Monat an gilt die Sommerzeit – in der Bundesrepublik 1987 ab 29. 3., 1988 ab 27. 3., 1989 ab 26. 3. Die Uhren sind um eine Stunde vorzustellen.

**1987:** Mars im Stier. (Saturn ab 1 Uhr im Südosten; Venus Morgenstern von etwa 5.30 bis 6.30 Uhr am Osthimmel.)

**1988:** Venus bis nach Mitternacht im Stier nördlich der Plejaden (→ Seite 60); Jupiter bis Monatsmitte tief am abendlichen Westhimmel. (Saturn ab 3 Uhr, Mars ab 4 Uhr am Osthimmel im Sternbild Schütze; am 18. 4. Herbstbeginn auf dem Mars.)

**1989:** Mars und Jupiter im Stier. (Saturn ab 3 Uhr im Südosten.)

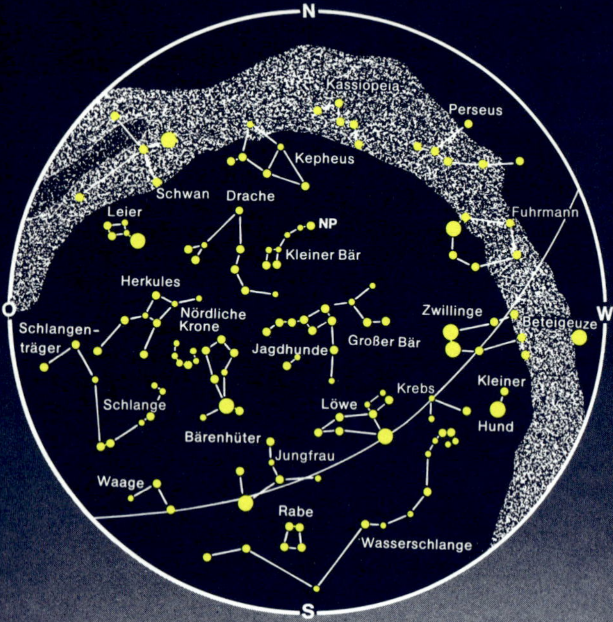


## Himmelserscheinungen im Mai

**1987:** Venus im Nordwesten in den Sternbildern Stier und Zwillinge; Jupiter ab Mitternacht im Südosten, unterhalb Schlangenträger. (Venus als Morgenstern ab 4 Uhr am Osthimmel.)
**1988:** Venus als Abendstern bis 1 Uhr morgens zu Beginn des Monats, bis 23 Uhr am Monatsende, am 7. 5. in größtmöglicher Helligkeit. (Saturn ab Mitternacht, Mars ab 3 Uhr am Osthimmel.)
**1989:** Mars in den Zwillingen, Jupiter bis gegen 20 Uhr tief am Westhimmel im Sternbild Stier. (Saturn ab 2 Uhr im Südosten im Sternbild Schütze.)

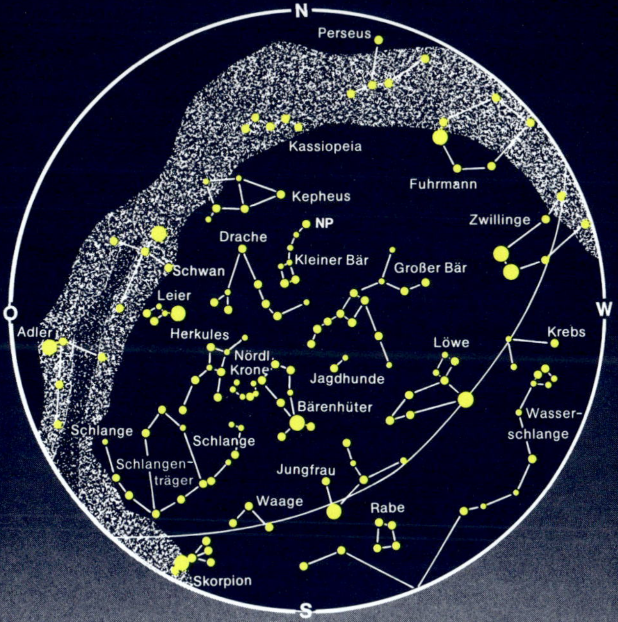


## Himmelserscheinungen im Juni

Der Sommer beginnt 1987 am 22. 6. um 0 Uhr, 1988 am 21. 6. um 6 Uhr, 1989 am 21. 6. um 12 Uhr.
**1987:** Saturn am 9. 6. in bester Stellung des Jahres, Sternbild Skorpion. (Jupiter ab 2 Uhr am Osthimmel im Sternbild Fische; Venus etwa ½ Stunde vor Sonnenaufgang im Osten.)
**1988:** Saturn am 20. 6. in bester Stellung des Jahres in den Sternbildern Skorpion und Schütze. (Mars ab 1 Uhr am Osthimmel im Sternbild Wassermann; Jupiter ab 5 Uhr am Morgenhimmel.)
**1989:** Mars in Zwillingen und Krebs; Venus als Abendstern kurz vor Sonnenuntergang tief im Südwesten; Saturn ab Mitternacht im Südosten im Sternbild Schütze.

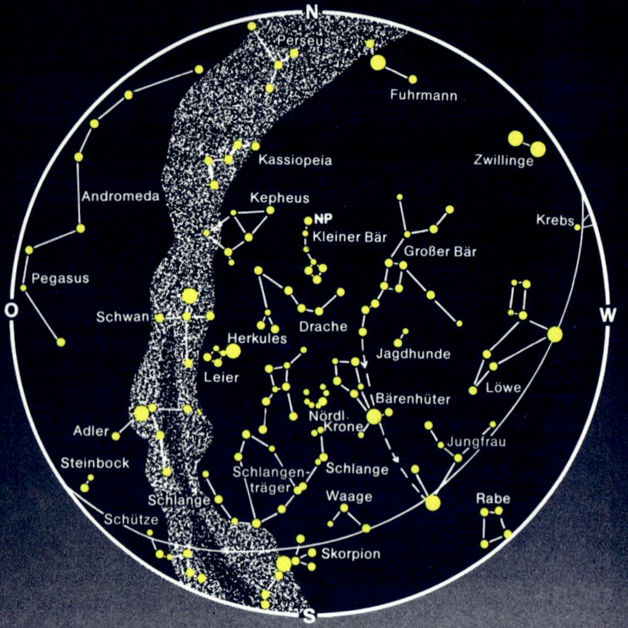


# Himmelserscheinungen im Juli

Die Erde ist von der Sonne am weitesten entfernt: 152,1 Millionen km. 1987 am 4. 7.; 1988 am 6. 7.; 1989 am 4. 7. Den Arctur im Bärenhüter und die Spica in der Jungfrau finden Sie, wenn Sie den Bogen der vorderen drei hellen Sterne des Großen Bären in Gedanken verlängern.

**1987:** Saturn im Skorpion, unterhalb Schlangenträger; Jupiter ab Mitternacht im Osten im Sternbild Fische.

**1988:** Saturn im Skorpion und Schützen; Mars ab 24 Uhr im Osten in den Fischen. (Jupiter ab 2 Uhr im Nordosten im Stier; Venus ab 3 Uhr, am Monatsende um 2 Uhr am Osthimmel.)

**1989:** Saturn im Schützen, am 2. 7. beste Stellung des Jahres; Venus und Mars sehr eng zusammen im Krebs. (Jupiter ab 6 Uhr am Osthimmel im Sternbild Zwillinge.)

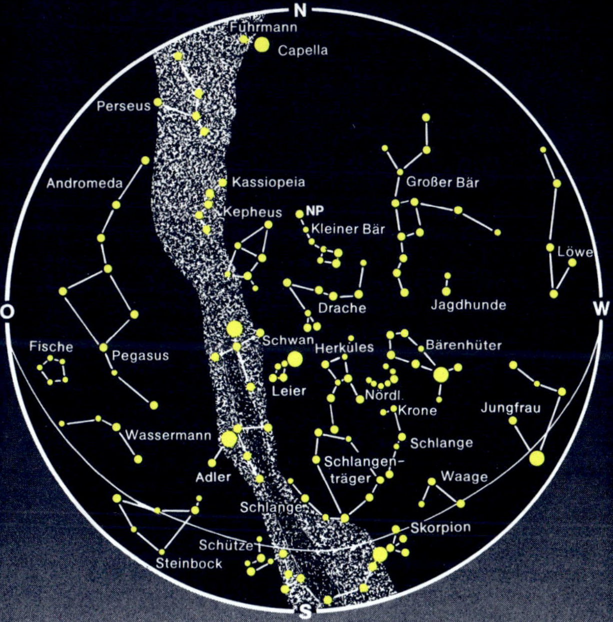


## Himmelserscheinungen im August

In der Zeit vom 8. bis 13. August leuchten im Perseus viele Sternschnuppen, die Perseiden oder »Tränen des Laurentius«.
**1987:** Saturn im Südwesten im Sternbild Skorpion; Jupiter im Osten, Aufgang etwa 23 Uhr.
**1988:** Saturn im Skorpion und Schützen; Mars in den Fischen. (Jupiter ab Mitternacht im Osten im Sternbild Stier; Venus als sehr heller Morgenstern 4 Stunden bis zum Sonnenaufgang sichtbar.)
**1989:** Am 17. 8. totale Mondfinsternis in Europa und Afrika, in Deutschland, Schweiz und Österreich sichtbar. Am 24. 8. fliegt Voyager II am Neptun vorbei. Abends Saturn im Schützen; Venus als Abendstern in Löwe und Jungfrau. (Jupiter ab 4 Uhr im Osten im Sternbild Zwillinge.)

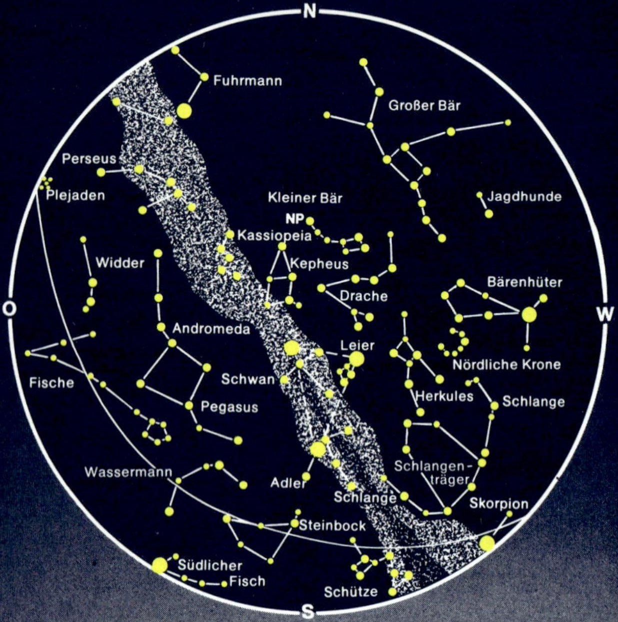


## Himmelserscheinungen im September

Der Herbst beginnt 1987 am 23. 9. um 16 Uhr; 1988 am 22. 9. um 22 Uhr; 1989 am 23. 9. um 3 Uhr.

**1987:** Am 23. 9. ringförmige Sonnenfinsternis über der UdSSR, in Ostasien, über dem Pazifik, teilweise in ganz Asien und Japan zu sehen. Am 24. 9. Beginn des Jahres 5748 im jüdischen Kalender. Saturn im Skorpion; Jupiter in den Fischen.

**1988:** Am 12. 9. Beginn des Jahres 5749 des jüdischen Kalenders. Am 28. 9. Mars in bester Stellung des Jahres in den Fischen; Saturn im Skorpion-Schützen; Jupiter ab 23 Uhr im Osten im Stier. (Venus ab 3 Uhr für 3½ Stunden im Osten.)

**1989:** Am 30. 9. Beginn des Jahres 5750 des jüdischen Kalenders. Saturn im Schützen; Venus als Abendstern ab 20 Uhr tief im Westen sichtbar. (Jupiter ab 1 Uhr am Osthimmel.)

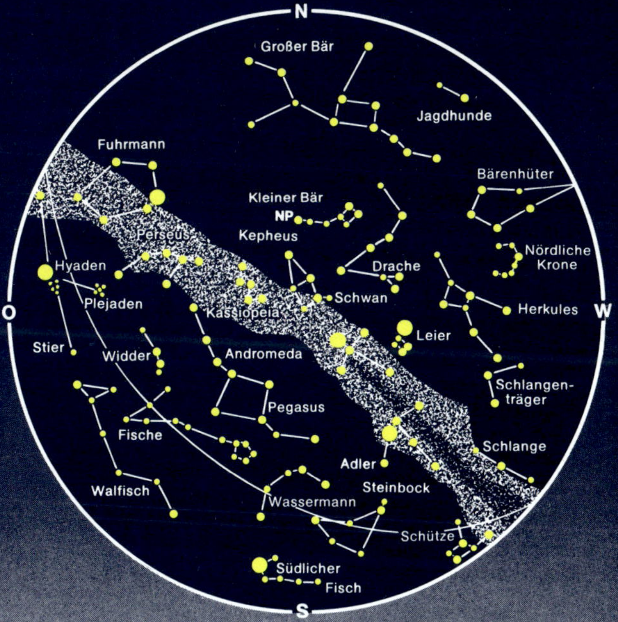


# Himmelserscheinungen im Oktober

Von diesem Monat an gilt die Sommerzeit nicht mehr (in der Bundesrepublik 1987 ab 27. 9.; 1988 ab 25. 9.; 1989 ab 24. 9.).
**1987:** Am 18. 10. Jupiter in bester Stellung des Jahres in den Fischen; Saturn bis etwa 19 Uhr tief am Südwesthimmel; Venus ab Monatsende als Abendstern am Südwesthimmel. (Mars ab 13. 10. im Osten, Aufgang in der Morgendämmerung.)
**1988:** Mars in den Fischen; Saturn im Skorpion-Schützen, Jupiter im Stier. (Venus für 3 Stunden als Morgenstern ab etwa 3 Uhr im Sternbild Löwe im Nordosten.)
**1989:** Venus als Abendstern bis etwa 19 Uhr am Westhimmel; Saturn im Schützen; Jupiter ab 23 Uhr im Osten im Sternbild Zwillinge.

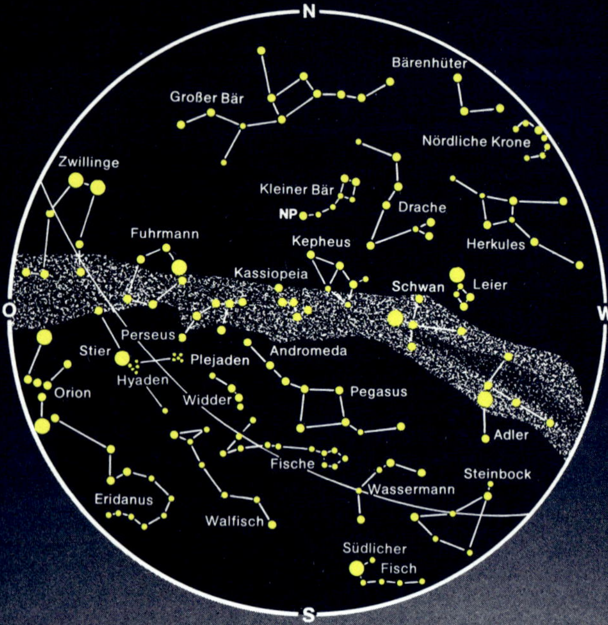


# Himmelserscheinungen im November

**1987:** Am 20. 11. Venus und Saturn sehr eng zusammen unterhalb Schlangenträger, Untergang gegen 17.30 Uhr; Jupiter in den Fischen. (Mars ab 4 Uhr am Osthimmel im Sternbild Jungfrau.)

**1988:** Am 23. 11. Jupiter in bester Stellung des Jahres im Sternbild Stier; Saturn bis etwa 19 Uhr am Westhimmel; Mars in den Fischen. (Venus ab 5 Uhr als Morgenstern am Osthimmel im Sternbild Jungfrau.)

**1989:** Am 15. 11. stehen Venus und Saturn sehr eng zusammen im Sternbild Schützen, Untergang abends etwa 19 Uhr, tief am Westhorizont; Jupiter in den Zwillingen.

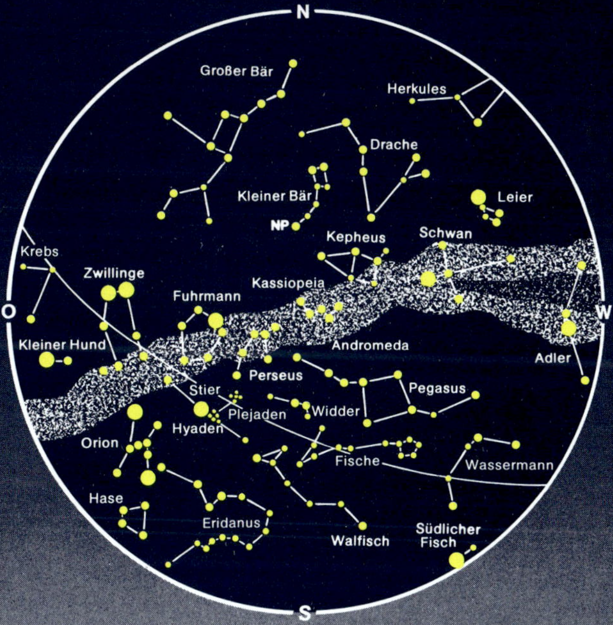


## Himmelserscheinungen im Dezember

Der Winter beginnt 1987 am 22. 12. um 11 Uhr; 1988 am 21. 12. um 16 Uhr; 1989 am 21. 12. um 22 Uhr.
**1987:** Venus als Abendstern von 17 bis etwa 18.30 Uhr tief am Südwesthimmel; Jupiter in den Fischen. (Mars ab 6 Uhr am Osthimmel, Sternbild Waage.)
**1988:** Mars in den Fischen; Jupiter im Stier. (Venus für 2 Stunden als Morgenstern ab etwa 6 Uhr am Südosthimmel.)
**1989:** Am 27. 12. Jupiter in bester Stellung des Jahres im Sternbild Zwillinge; Venus als Abendstern ab etwa 17.30 Uhr am Westhimmel, am 13. 12. größtmögliche Helligkeit.

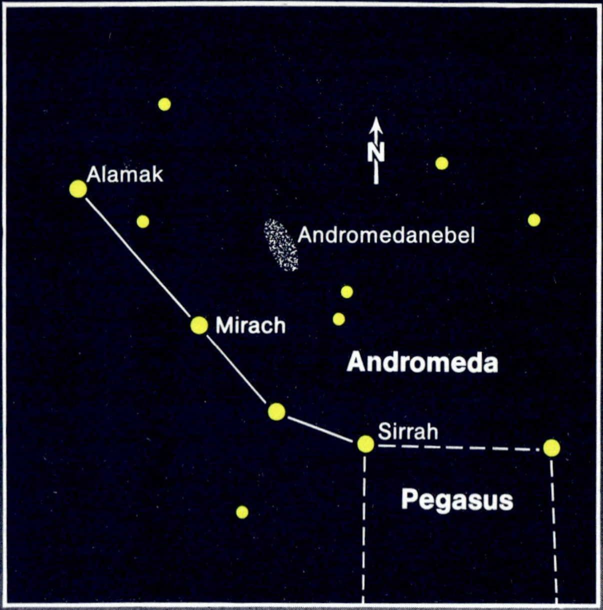


## Andromeda

Wer die Andromeda erwähnt, kommt sehr bald auf das bekannteste Objekt in diesem Sternbild zu sprechen, den Andromedanebel. Die astronomische Fachbezeichnung lautet »M 31« (der französische Astronom Charles Messier stellte im 18. Jahrhundert einen Katalog von Himmelsobjekten zusammen und versah sie mit Nummern – daher »M 31«). Der Andromedanebel ist nach den beiden Magellanschen Wolken (→ Farbfoto Seite 12) die uns nächste größere Galaxie mit mehr als 400 Milliarden Sternen, angeordnet in einer gewaltigen Spirale. Die Entfernung der Erde zum Andromedanebel: 2,7 Millionen Lichtjahre! Betrachten Sie den Andromedanebel in einer klaren Nacht mit dem Fernglas.

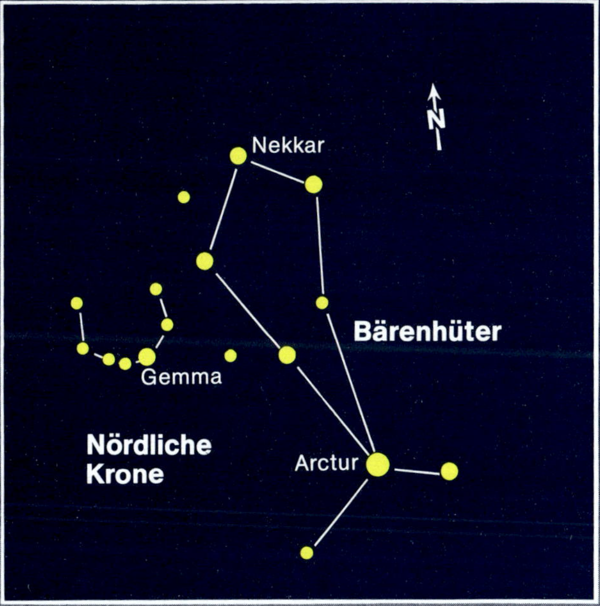


## Bärenhüter und Nördliche Krone

Der Bärenhüter enthält mit Arctur den hellsten Stern der nördlichen Himmelshalbkugel, der vor allem durch seine rötliche Färbung auffällt. Ein Tip, wie Arctur leicht gefunden werden kann, findet sich auf Sternkarte N I/7 (→ Seite 28). Jeder Lichtstrahl, den Arctur aussendet, ist 36 Jahre zur Erde unterwegs. Die Astronomen sagen, er sei 36 Lichtjahre entfernt; das entspricht 340 Billionen km!

Die Nördliche Krone hat am Südhimmel ein Gegenstück (→ Seite 79). Aber in der Krone des Nordhimmels funkelt noch ein besonderes Juwel, der helle Stern Gemma (lateinisch: Edelstein). Damit kann die Südliche Krone nicht konkurrieren. Gemma ist 71 Lichtjahre von der Erde entfernt.

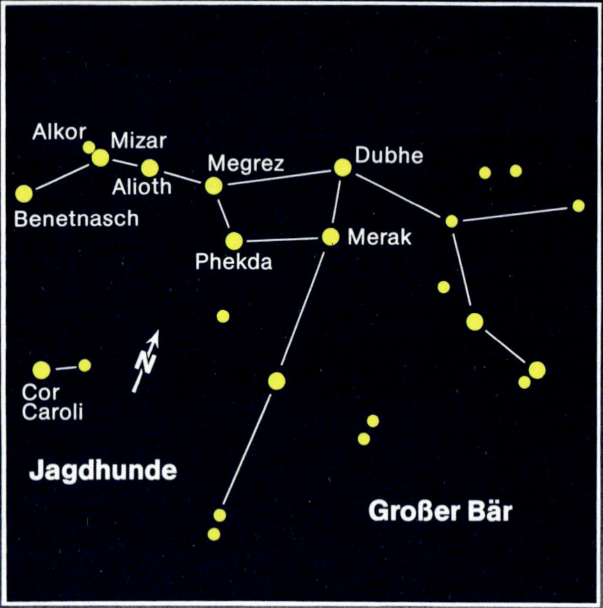


## Großer Bär und Jagdhunde

Der Große Bär gehört zu den bekanntesten Sternbildern des Nordhimmels. Seine mit klangvollen Namen versehenen sieben hellsten Sterne bilden den »Großen Wagen«, der aber keines von den offiziell anerkannten Sternbildern ist. Schauen Sie außerdem zum Stern Mizar – er heißt spaßhaft auch der »Augenprüfer«. Denn dicht bei ihm leuchtet Alkor, übersetzt das »Reiterlein«, das man mit gutem Auge gleichzeitig mit Mizar sehen sollte. Alkor reitet auf den Pferden, die in der Deichsel des Großen Wagen gehen.
Die Jagdhunde besitzen praktisch nur einen helleren Stern – Cor Caroli, das Herz Karls; mit der Benennung hat der englische Astronom Edmund Halley im Jahre 1725 König Karl II. von England eine wirklich einmalige Ehrung zuteil werden lassen.

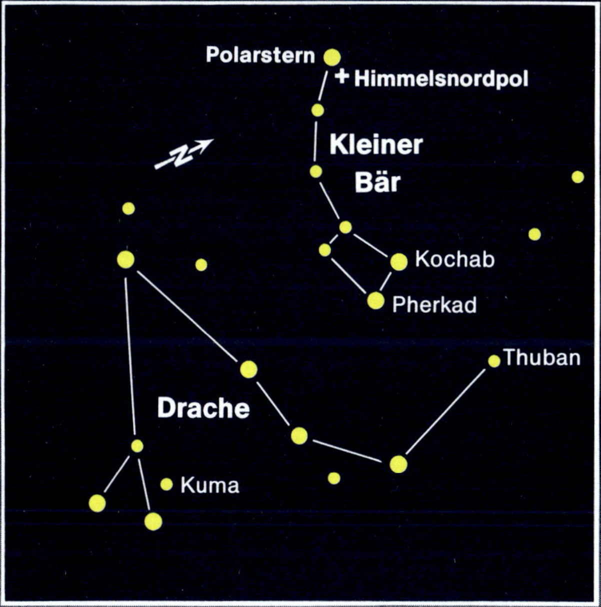


## Kleiner Bär und Drache

Wenn man den Kleinen Bären oder auch Kleinen Wagen erwähnt, kommt man fast zwangsläufig auf seinen prominentesten Vertreter zu sprechen – den Polarstern. Er markiert wie ein Leuchtturm den Nordpol des Himmels, allerdings, wie die Karte zeigt, nicht ganz genau. Doch der Abstand von einem Grad spielt für die Beobachtung keine Rolle. Wer Polaris (so lautet der wissenschaftliche Name) am Himmel sieht, weiß, wo Norden liegt (→ Seite 17). Der Drache ist nicht so prominent. Doch wenn Sie ein kleines Fernglas benutzen, können Sie gut erkennen, daß der Stern Kuma ein Doppelstern ist – es sind zwei nebeneinander liegende Sterne, die man mit bloßem Auge als einen Stern ansieht.

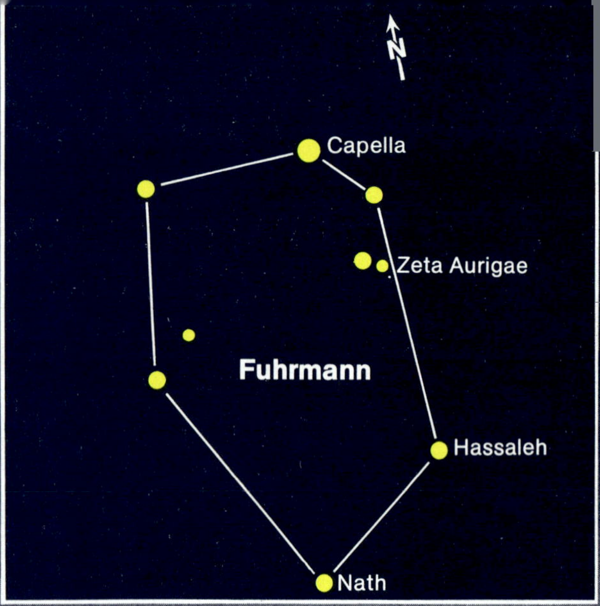


## Fuhrmann

Der interessanteste Fixstern im Fuhrmann ist nicht die helle Capella, sondern der Stern Zeta Aurigae. Es klingt unglaublich, aber dieses Gestirn kann man durchleuchten: Zeta Aurigae besteht aus zwei Sternen – einer ist 293mal größer als die Sonne, der andere nur fünfmal. Beide bewegen sich umeinander. Weil der kleine im Vergleich zu seinem großen Bruder wahrlich winzig ist, strahlt er, wenn er alle 2½ Jahre hinter ihm steht, wie eine Röntgenlampe durch den großen. Die Untersuchung der Lichtstrahlen ermöglichte so hochinteressante Einblicke in den Aufbau des Riesensterns. Der Stern Nath gehört genaugenommen schon zum Sternbild Stier.

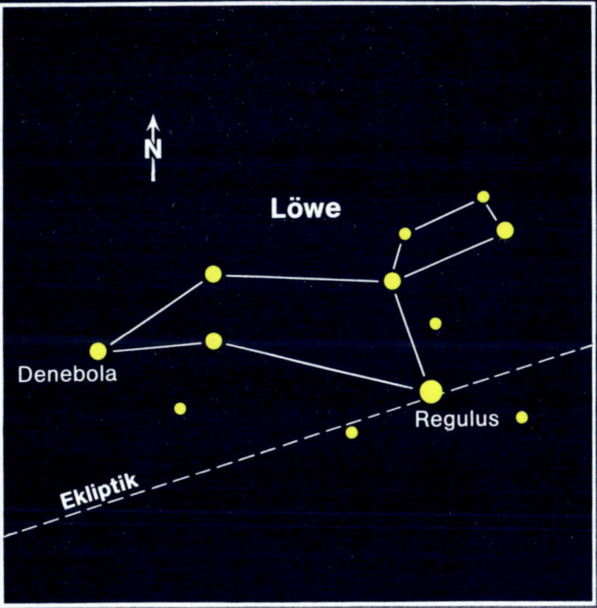


## Löwe

Das Sternbild Löwe läßt sich am Himmel besonders leicht finden. Zwei deutliche Trapeze werden von seinen Sternen geformt, so daß man gut die Gestalt eines Löwen erkennen kann. In der griechischen Sage war der Löwe ein Ungeheuer, das nur von dem Helden Herkules erlegt werden konnte. Der helle Stern Regulus, »kleiner König«, gehört zu den 20 hellsten Sternen des Himmels und ist viermal größer als die Sonne. Seine Entfernung zur Erde: 68 Lichtjahre. Zusammen mit der Spica (→ Seite 56) und dem Antares (→ Seite 79) gehört er zu den hellsten Sternen, die genau an der Ekliptik liegen. Daher findet man in der Nähe dieser Sterne oft Planeten (→ Seite 19).

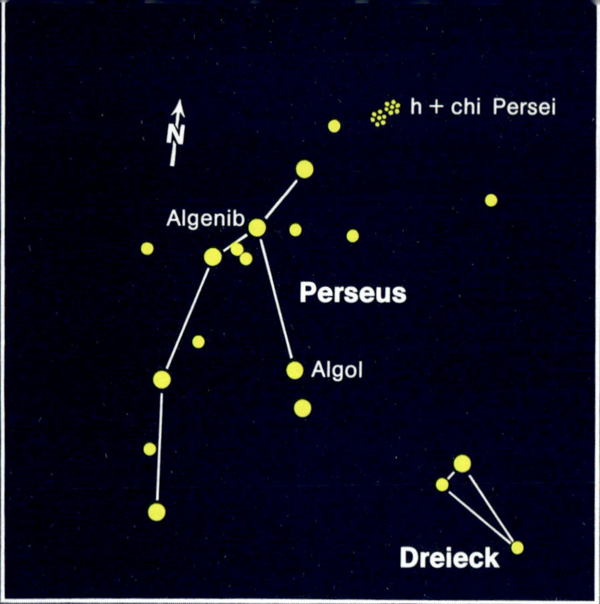


# Perseus

Algol – übersetzt: der Teufelsstern – ist einer der interessantesten Sterne am Himmel: Obwohl man mit bloßem Auge und mit dem Fernrohr nur einen Stern zu sehen vermag, kreisen dort in Wirklichkeit zwei umeinander, und zwar so, daß sie sich alle 2½ Tage gegenseitig verfinstern. Wenn der eine vor dem anderen steht, wird die Gesamthelligkeit natürlich geringer – man nennt Algol daher einen »Bedeckungsveränderlichen«. Die Helligkeitsschwankungen von Algol kann man sogar mit dem bloßen Auge verfolgen.

Für die beiden Sternhaufen h und chi Persei sollte man ein Fernglas zu Hilfe nehmen. Beide sind 8000 Lichtjahre entfernt und gehören zu den schönsten Sternhaufen (Ansammlungen von einigen Hundert bis mehreren Tausend Sternen).

# Sternkarten-Serie N II

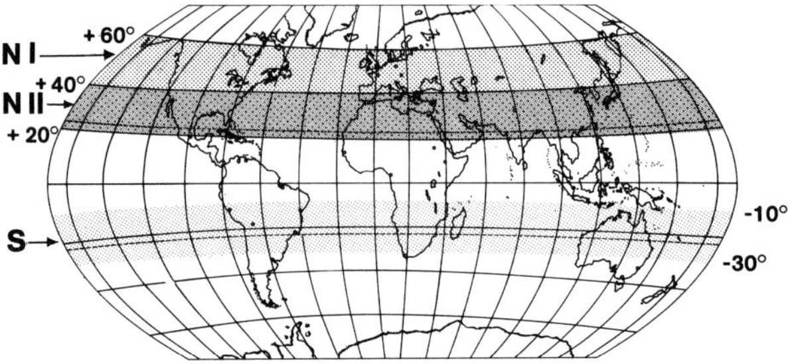


## Sternkarten und Sternbilder

für die geographische Breite von 20 bis 40 Grad Nord. Gilt für die Länder Südeuropas: Spanien, Portugal, Süditalien, Griechenland; und für die Türkei, den Libanon, Israel, Ägypten, Tunesien, Algerien, Marokko, Persien, Pakistan, Afghanistan, für die südlichen USA, Mexiko, die Bahamas, die Bermudas, Kuba, Indien, Thailand, Birma, China, Korea, Japan, Taiwan.

## Zu beachten:

In diesen Ländern tauchen die ersten bekannten Süd-Sternbilder auf – zum Beispiel das berühmte Kreuz des Südens (→ N II/5 Seite 46). Je näher Ihr Beobachtungsort zum Äquator hin liegt, um so deutlicher können Sie diese Sternbilder am Südhimmel erkennen. Wenn Sommerzeit (SZ) gilt, sind die in Klammern gesetzten Uhrzeiten zu nehmen.

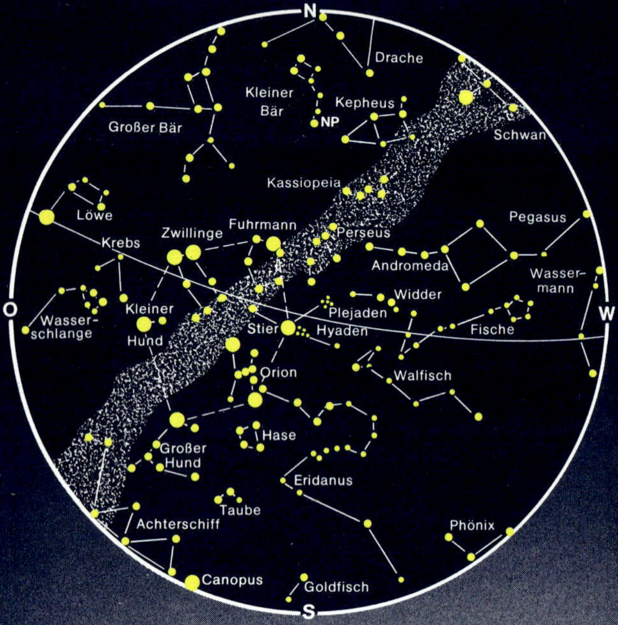


## Himmelserscheinungen im Januar

Beachten Sie das Wintersechseck aus den hellsten Sternen der auffälligsten Wintersternbilder.

**1987:** Am 29. 1. chinesisch-japanisches Neujahrsfest. Mars in den Fischen; Jupiter im Wassermann. (Am 24. 1. Venus und Saturn sehr eng zusammen im Sternbild Skorpion, ab 5 Uhr bis Sonnenaufgang.)

**1988:** Merkur vom 18. bis 31. 1. am Südwesthimmel, sichtbar bis etwa 19 Uhr; Venus als Abendstern bis 19 Uhr, am Monatsende bis 21 Uhr in Steinbock und Wassermann; Jupiter in den Fischen. (Mars ab 4 Uhr, Saturn ab 5 Uhr am Osthimmel.)

**1989:** Merkur vom 5. 1. bis 20. 1. abends tief im Südwesten sichtbar bis etwa 18.40 Uhr; Mars in den Fischen; Jupiter im Stier.

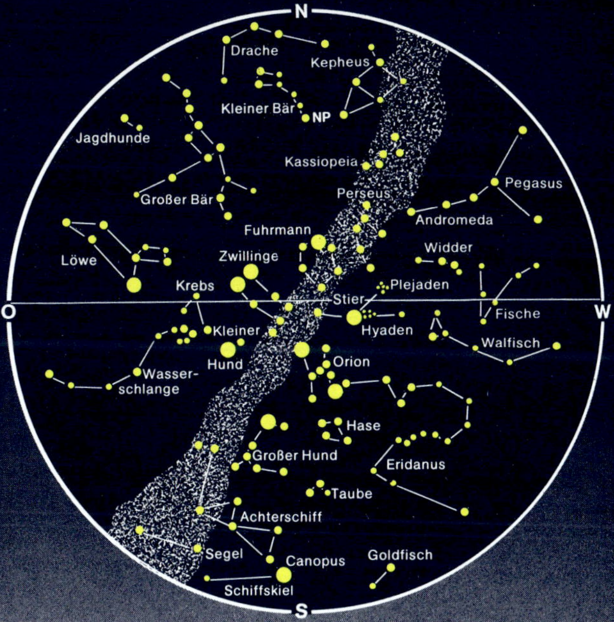


# Himmelserscheinungen im Februar

**1987:** Merkur vom 1. bis 22. 2. von 18.30 bis 19 Uhr am Südwesthimmel; Mars in den Fischen; Jupiter tief im Westen, Untergang etwa 19.30 Uhr. (Saturn ab 4 Uhr am Osthimmel im Sternbild Skorpion; Venus ab 4 Uhr im Sternbild Schütze.)
**1988:** Am 17. 2. Neujahrsfest des chinesisch-japanischen Kalenders. Venus als Abendstern in den Fischen mit Jupiter. (Am 23. 2. Saturn und Mars sehr eng zusammen in den Sternbildern Skorpion und Schütze, sichtbar ab etwa 5 Uhr am Osthimmel.)
**1989:** Am 6. 2. Neujahrsfest des chinesisch-japanischen Kalenders. Am 20. 2. totale Mondfinsternis über ganz Asien. Mars im Widder (am 16. 2. Frühlingsanfang auf dem Mars); Jupiter im Stier. (Saturn ab 5 Uhr am Osthimmel im Sternbild Schütze.)

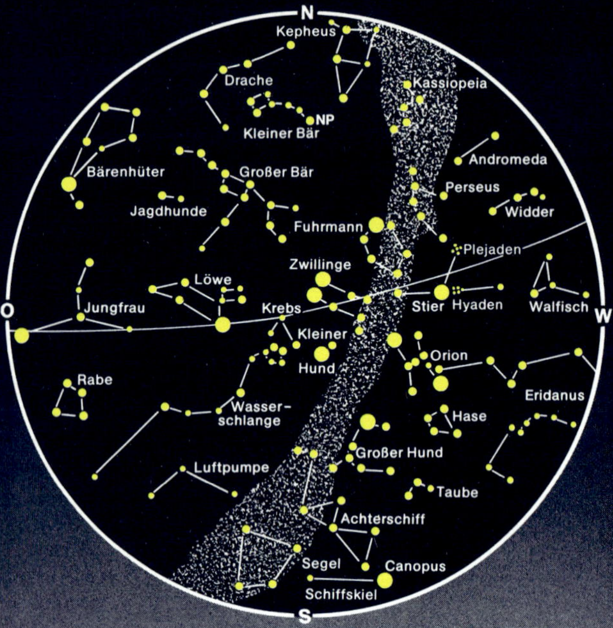


## Himmelserscheinungen im März

Der Frühling beginnt 1987 am 21. 3.; 1988 und 1989 am 20. 3.
**1987:** Am 29. 3. seltene ringförmig-totale Sonnenfinsternis über Argentinien, Südafrika und dem Südatlantik. Mars im Widder. (Saturn ab 2 Uhr im Südosten im Sternbild Skorpion; Venus als Morgenstern ab 5 Uhr im Südosten.)
**1988:** Am 18. 3. totale Sonnenfinsternis über Sumatra, Borneo, dem westlichen Pazifik, teilweise in ganz Ostasien, Indonesien und Japan sichtbar. Am 6. 3. Venus und Jupiter sehr eng zusammen im Widder. (Saturn ab 3 Uhr, Mars ab 4 Uhr im Osten.)
**1989:** Am 12. 3. Jupiter und Mars sehr eng zusammen im Sternbild Stier. (Saturn ab 3 Uhr am Osthimmel im Sternbild Schütze.)

## Himmelserscheinungen im April

In vielen Ländern gilt jetzt die *Sommerzeit (SZ)!*
**1987:** Mars im Stier; Saturn ab Mitternacht im Osten im Sternbild Skorpion. (Venus als Morgenstern ab 5 Uhr – *SZ: 6 Uhr* – im Osten.)
**1988:** Venus im Stier, sehr gute Sichtbarkeit als Abendstern. (Saturn ab 2 Uhr – *SZ: 3 Uhr,* Mars ab 3 Uhr – *SZ: 4 Uhr* – im Osten.)
**1989:** Merkur vom 5. bis 30. 4. abends im Nordwesten bis etwa 20 Uhr – *SZ: 21 Uhr* – sichtbar; Mars und Jupiter im Stier. (Saturn ab 2 Uhr – *SZ: 3 Uhr* – im Osten im Sternbild Schütze.)

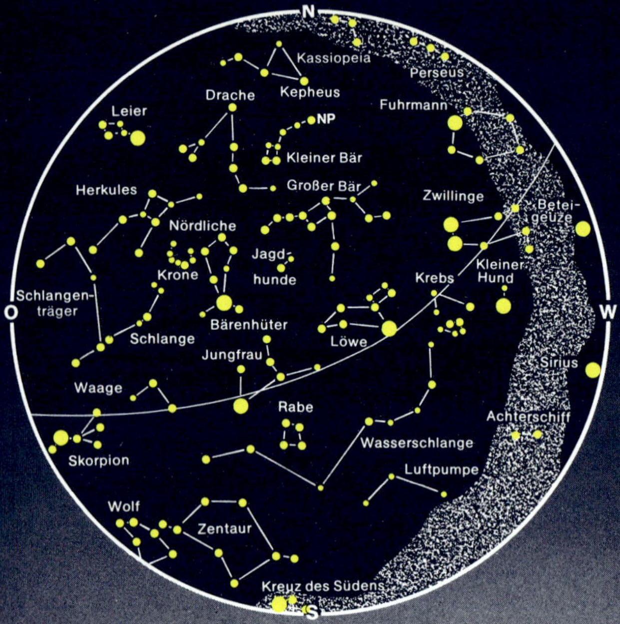


## Himmelserscheinungen im Mai

**1987:** Mars in den Zwillingen tief am Westhimmel; Saturn im Skorpion. (Venus ab 4 Uhr – *SZ: 5 Uhr* – als Morgenstern am Osthimmel.)
**1988:** Venus am 7. 5. mit größtmöglicher Helligkeit, sehr gut bis 23 Uhr – *SZ: 24 Uhr* – im Westen sichtbar; Merkur Mitte Mai bis 20.30 Uhr – *SZ: 21.30 Uhr* – tief am Nordwesthimmel; Saturn im Skorpion und Schützen. (Mars ab etwa 2 Uhr – *SZ: 3 Uhr* – am Osthimmel.)
**1989:** Merkur bis 10. 5. im Nordwesten sichtbar bis gegen 20.30 Uhr – *SZ: 21.30 Uhr*; Mars in den Zwillingen; Saturn ab Mitternacht im Osten im Sternbild Schütze.

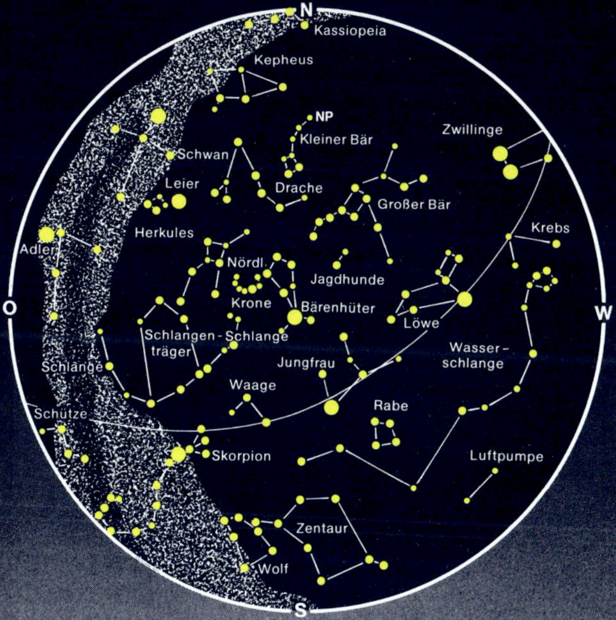


## Himmelserscheinungen im Juni

Der Sommer beginnt 1987 bis 1989 jeweils am 21. 6.
**1987:** Merkur ab 20. 6. abends bis 19.30 Uhr – *SZ: 20.30 Uhr* – im Nordwesten, beste Sichtbarkeit des Jahres! Am 9. 6. Saturn in bester Stellung des Jahres im Skorpion. (Jupiter in den Fischen ab 2 Uhr – *SZ: 3 Uhr* – am Osthimmel.)
**1988:** Saturn am 20. 6. in bester Stellung des Jahres im Skorpion und Schützen; Mars ab Mitternacht – *SZ: 1 Uhr* – im Sternbild Wassermann am Osthimmel. (Jupiter ab 5 Uhr – *SZ: 6 Uhr* – im Osten im Sternbild Widder.)
**1989:** Mars in den Zwillingen und im Krebs; Saturn im Sternbild Schütze.

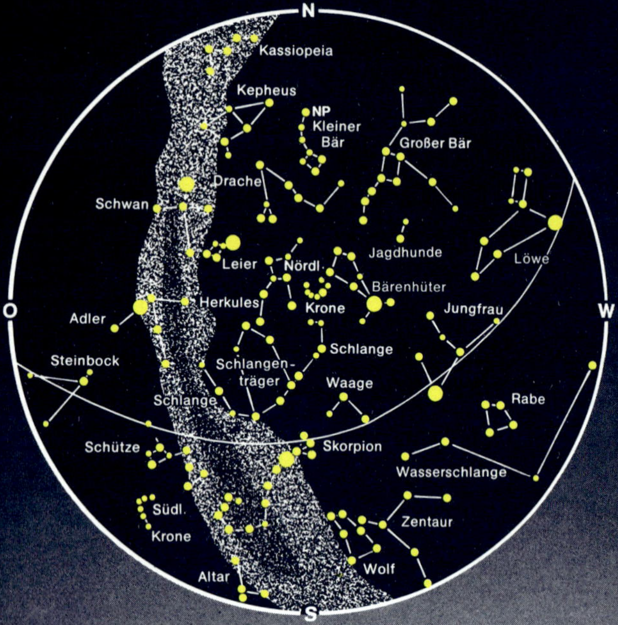


# Himmelserscheinungen im Juli

Die Erde ist am weitesten von der Sonne entfernt: 152,1 Millionen km.
**1987:** Saturn im Skorpion; Jupiter ab Mitternacht – *SZ: 1 Uhr* – im Osten im Sternbild Fische.
**1988:** Saturn im Skorpion und Schützen; Mars ab 24 Uhr – *SZ: 1 Uhr* – im Osten. (Jupiter ab 2 Uhr – *SZ: 3 Uhr* – im Osten; Venus als Morgenstern ab 4 Uhr, Monatsende 3 Uhr – *SZ: 5 bzw. 4 Uhr* – im Osten, beide im Sternbild Stier.)
**1989:** Am 2. 7. Saturn in bester Stellung des Jahres im Sternbild Schütze; am 12. 7. Venus und Mars sehr eng zusammen bis gegen 20 Uhr – *SZ: 21 Uhr* – im Nordwesten im Sternbild Krebs.

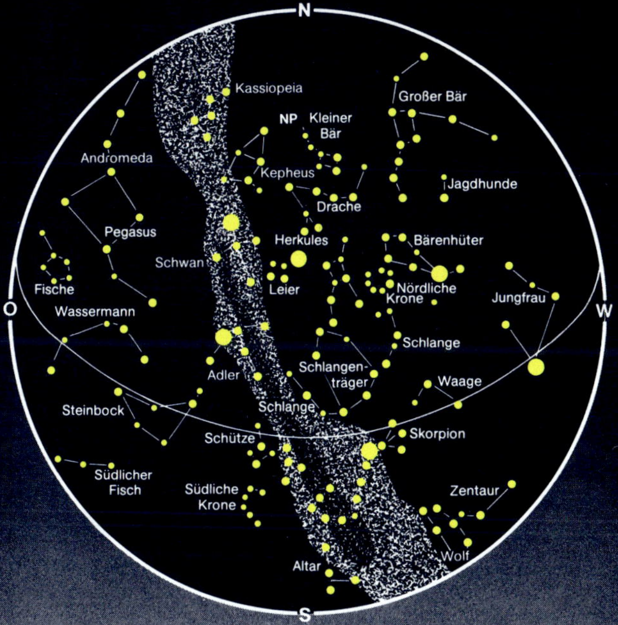


# Himmelserscheinungen im August

**1987:** Am 26. 8. Beginn des Jahres 1408 des mohammedanischen Kalenders. Saturn im Skorpion. (Jupiter ab Mitternacht – *SZ: 1 Uhr* – im Osten im Sternbild Stier.)
**1988:** Am 14. 8. Beginn des Jahres 1409 des mohammedanischen Kalenders. Am 27. 8. teilweise Mondfinsternis über Nordamerika und Ostasien. Saturn im Skorpion und Schützen; Mars in den Fischen. (Jupiter ab 1 Uhr – *SZ: 2 Uhr* – am Nordosthimmel im Stier; Venus als Morgenstern am Osthimmel.)
**1989:** Am 4. 8. Beginn des Jahres 1410 des mohammedanischen Kalenders. Am 17. 8. totale Mondfinsternis in Afrika und über dem Atlantik. Am 24. 8. fliegt Voyager II am Neptun vorbei. Venus in Löwe und Jungfrau; Saturn im Schützen. (Jupiter ab 5 Uhr – *SZ: 6 Uhr* – im Nordosten.)

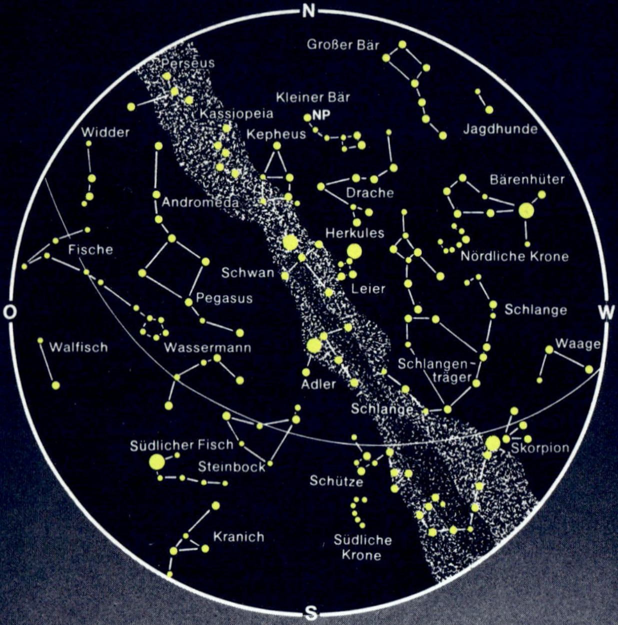


## Himmelserscheinungen im September

**1987:** Am 23. 9. ringförmige Sonnenfinsternis über dem Pazifik, China und der UdSSR. Am 24. 9. Beginn des Jahres 5748 des jüdischen Kalenders. Jupiter in den Fischen; Saturn im Skorpion.
**1988:** Am 11. 9. ringförmige Sonnenfinsternis, teilweise in Ostafrika, Arabien und Indien sichtbar; am 12. 9. Beginn des Jahres 5749 des jüdischen Kalenders; am 28. 9. beste Jahresstellung des Mars in den Fischen; Saturn im Skorpion und Schützen. (Jupiter ab Mitternacht – *SZ: 1 Uhr* – im Stier am Osthimmel; Venus als Morgenstern sichtbar.)
**1989:** Am 30. 9. Beginn des Jahres 5750 des jüdischen Kalenders. Venus als Abendstern im Sternbild Waage; Saturn im Schützen. (Jupiter ab 2 Uhr – *SZ: 3 Uhr* – am Osthimmel im Sternbild Zwillinge.)

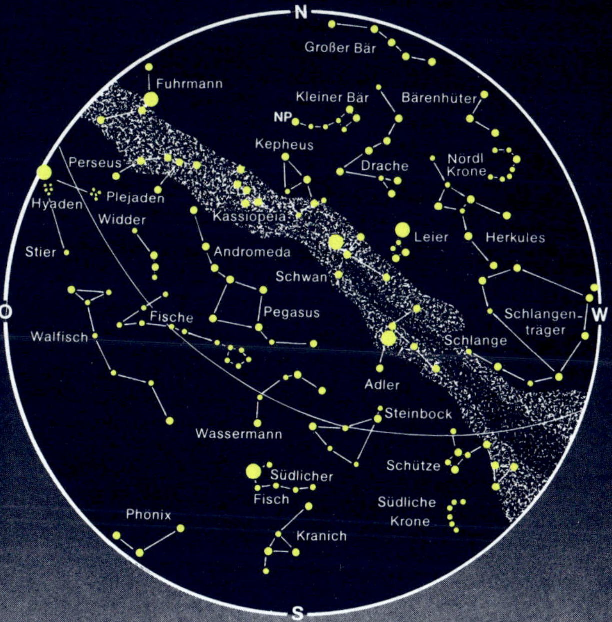


# Himmelserscheinungen im Oktober

Von diesem Monat an gilt die Sommerzeit nicht mehr. In vielen Ländern wird jetzt die Uhr um eine Stunde zurückgestellt.

**1987:** Am 18. 10. Jupiter in bester Jahresstellung in den Fischen; Saturn im Skorpion, Untergang gegen 20 Uhr; Venus ab Monatsmitte als Abendstern für ½ Stunde nach Sonnenuntergang. (Mars im Osten, Aufgang während der Morgendämmerung.)

**1988:** Mars in den Fischen; Jupiter im Stier; Saturn im Skorpion und Schützen. (Merkur ab 20. 10. für etwa 1 Stunde tief am Osthimmel, sichtbar ab 4.30 Uhr; Venus ab 4 Uhr als Morgenstern im Nordosten im Sternbild Löwe.)

**1989:** Saturn im Schützen; Venus bis etwa 20 Uhr am Westhimmel im Skorpion; Jupiter ab 24 Uhr im Osten in den Zwillingen. (Merkur vom 1.–10. 10. im Osten ab 4.30 Uhr für ¾ Stunde.)

## Himmelserscheinungen im November

**1987:** Jupiter in den Fischen; am 20. 11. Venus und Saturn sehr eng zusammen, gemeinsamer Untergang gegen 18.30 Uhr. (Merkur vom 7. bis 27. 11. morgens ab 5 Uhr für eine Stunde tief am Südosthimmel sichtbar; Mars ab 3 Uhr im Osten im Sternbild Jungfrau.)
**1988:** Am 23. 11. Jupiter in bester Stellung des Jahres im Sternbild Stier; Mars in den Fischen; Saturn bis etwa 20.30 Uhr am Westhimmel. (Venus als Morgenstern ab 4 Uhr im Sternbild Jungfrau; Merkur bis etwa 10. 11. ab 5 Uhr tief am Osthimmel.)
**1989:** Am 15. 11. enge Zusammenkunft zwischen Venus und Saturn im Schützen, Untergang gegen 20 Uhr im Westen; Jupiter in den Zwillingen.

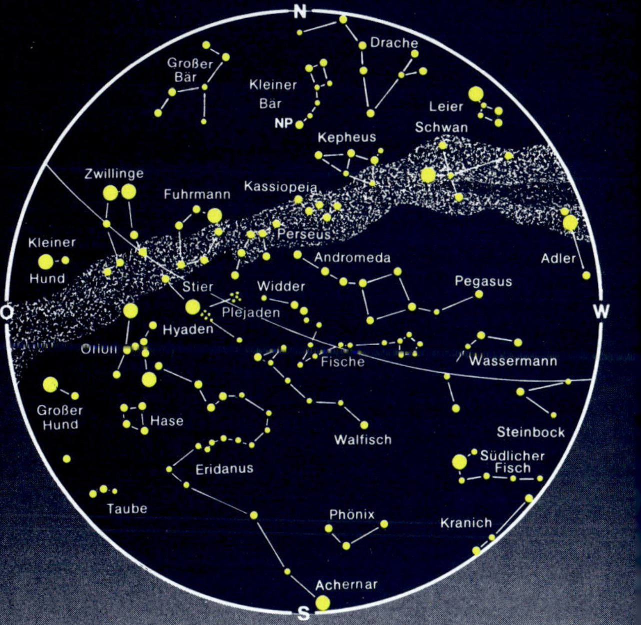


## Himmelserscheinungen im Dezember

Der Winter beginnt 1987 am 22. 12., 1988 und 1989 am 21. 12.
**1987:** Venus als Abendstern von 17 bis gegen 19 Uhr am Westhimmel; Jupiter in den Fischen. (Mars ab etwa 5 Uhr im Osten im Sternbild Waage.)
**1988:** Mars in den Fischen; Jupiter im Stier. (Venus als Morgenstern für etwa 2 Stunden ab 5 Uhr am Südosthimmel.)
**1989:** Am 27. 12. Jupiter in bester Stellung des Jahres im Sternbild Zwillinge; Venus als Abendstern im Sternbild Steinbock, am 13. 12. größtmögliche Helligkeit.

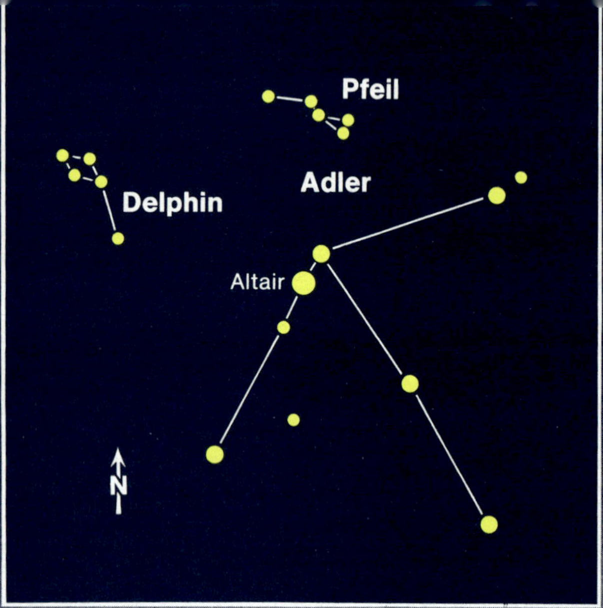


## Adler

Von den Sternbildern, die auf den runden Sternkarten nicht erscheinen, sollen einige im Rahmen der Einzelvorstellung der wichtigen Sternbilder behandelt werden. An den Adler grenzen im Nordosten der Delphin und im Norden der Pfeil. Der Delphin fällt vor allem durch vier Sterne auf, die wie eine Raute angeordnet sind. Mit dem Pfeil soll der Held Herkules den Adler der Götter getötet haben. Der Stern Altair im Adler ist neben Wega in der Leier und Deneb im Schwan (→ Seite 59) der hellste Stern am sommerlichen Nordhimmel (→ Karte N I/9 Seite 30). Er ist 16 Lichtjahre (151 Billionen Kilometer) entfernt; damit gehört Altair zur engsten Umgebung von Erde und Sonne.

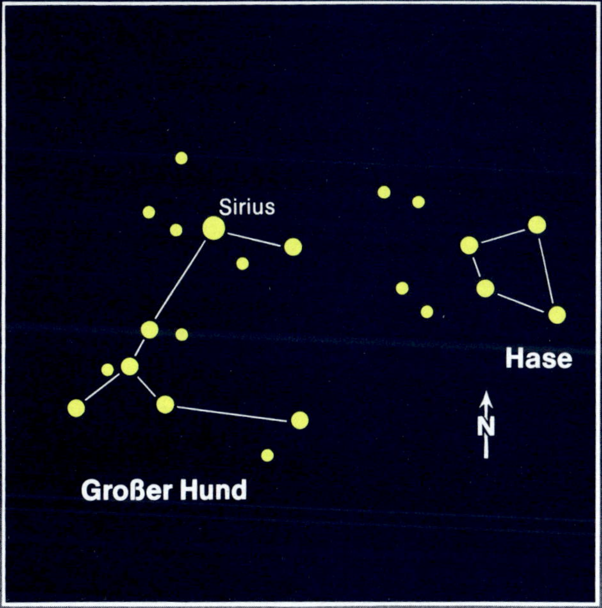


## Großer Hund und Hase

Der Große Hund wird eindeutig von seinem hellsten Stern beherrscht, Sirius, dem hellsten Fixstern des Himmels (nur die Planeten leuchten heller als er). Und doch gibt es Sterne, die erheblich mehr Licht produzieren als Sirius; aber Sirius steht uns ziemlich nahe: »Nur« 8,9 Lichtjahre oder 85 Billionen km trennen uns von ihm. Dadurch kommt verhältnismäßig viel Licht auf der Erde an, genauso wie die Glühbirne einer Tischlampe direkt vor uns heller erscheint als der überaus starke Scheinwerfer eines weit entfernten Leuchtturms. Die Helligkeit der Sterne gibt also nicht nur Auskunft über ihre Leuchtstärke (wieviel Licht sie produzieren), sondern auch über ihre Entfernung.

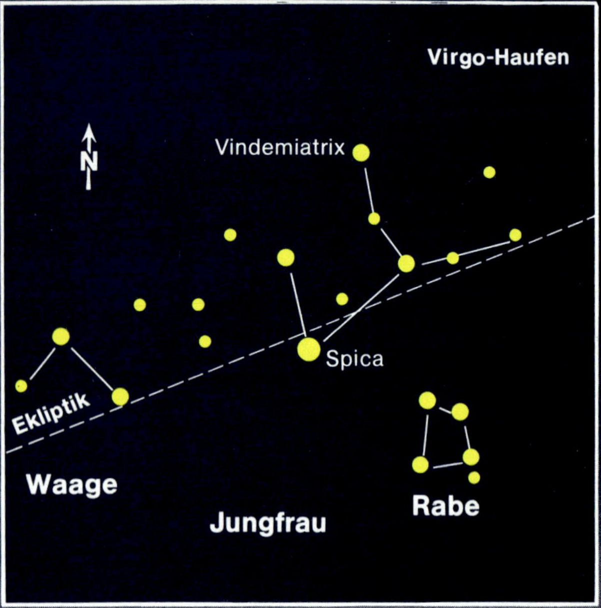


# Jungfrau, Rabe, Waage

Nur die Jungfrau (lat. Virgo) bietet unter diesen Sternbildern interessante Einzelheiten. Da ist einmal der Stern Spica, die Kornähre, die die Jungfrau nach der alten Sage in der Hand halten soll. Spica (Entfernung zur Erde: 218 Lichtjahre) läßt sich durch denselben Trick wie Arctur (Stern im Bärenhüter) mit Hilfe des Großen Bären wiederfinden (→ N I/7 Seite 28). Vor allem der Virgo-Haufen macht das Sternbild Jungfrau berühmt. Hier leuchten auf kleinem Raum 22% aller bekannten Sternsysteme oder Galaxien des nördlichen Himmels! Eine wahre Flut dieser Gebilde hat sich dort zusammengeballt. Die meisten können aber nur mit sehr großen Fernrohren gesehen werden. Galaxien sind – viele tausend Lichtjahre entfernte – große Scheiben aus Sternen, Gas und Staub (→ Seite 13).

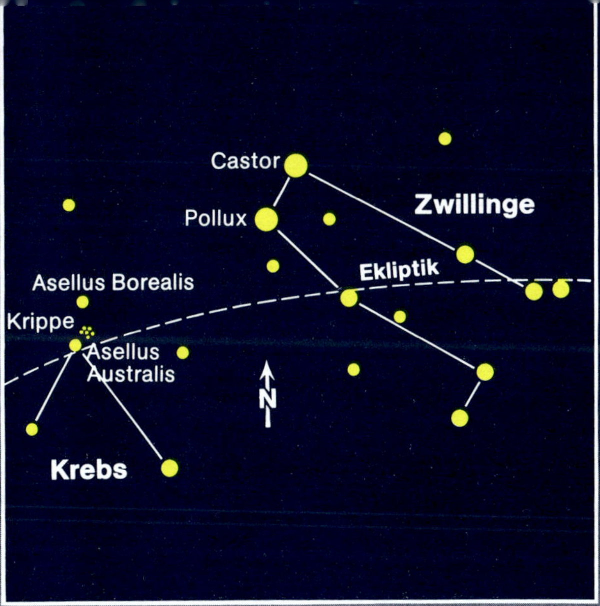


## Krebs und Zwillinge

Die Krippe (Praesepe) im Sternbild Krebs ist einer der bekanntesten offenen Sternhaufen des Himmels. In einer Entfernung von 550 Lichtjahren drängen sich dort etwa 500 Sterne, die durch ein Fernglas betrachtet recht eindrucksvoll aussehen. Schon die Völker der Antike erfanden den Namen »Krippe«. Sie benannten zwei dicht dabeistehende Sterne »Nördlicher Esel« (asellus borealis) und »Südlicher Esel« (asellus australis) – die Esel fressen aus der Krippe. Es gibt auch andere Sternhaufen am Himmel, die Kugelsternhaufen (→ Sternbild Zentaur und Kreuz des Südens Seite 76). Bei den offenen Haufen sind die Sterne nicht so dicht gedrängt wie bei den Kugelhaufen, die auch erheblich mehr Sterne (bis zu einigen Millionen) enthalten.

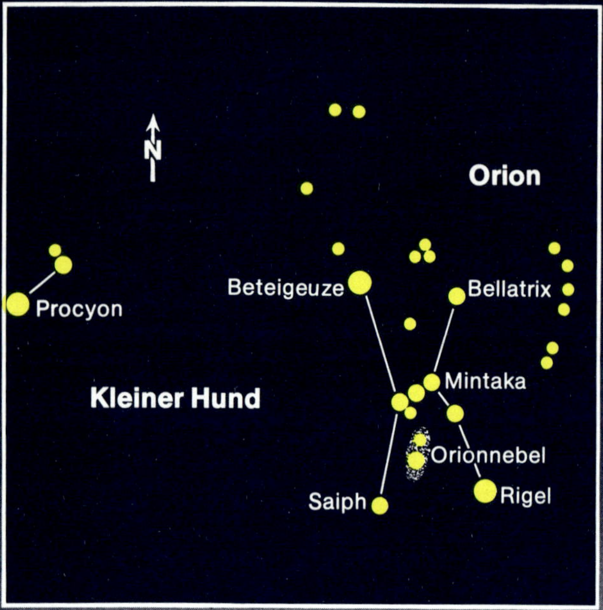


## Orion und Kleiner Hund

Orion, ein wilder Jäger in der griechischen Sage, gehört zu den eindruckvollsten Sternbildern des Himmels. Berühmt wurde der Orionnebel (M 42), eine leuchtende Gasmasse im All, den man sogar in einer klaren Nacht mit bloßem Auge wahrnimmt. Der Kleine Hund dagegen enthält nur einen auffälligen Stern, Procyon. Interessant ist ein Vergleich der Entfernung der vielen hellen Sterne. Procyon: 11 Lichtjahre; Beteigeuze 470; Rigel 1300 Lichtjahre! Trotzdem scheinen sie alle gleich weit entfernt an der Himmelskugel zu stehen – unser Auge kann solch unvorstellbar große Entfernungen nicht mehr räumlich wahrnehmen, so wie es das Haus gegenüber als nah und den dahinter stehenden Berg als fern signalisiert.

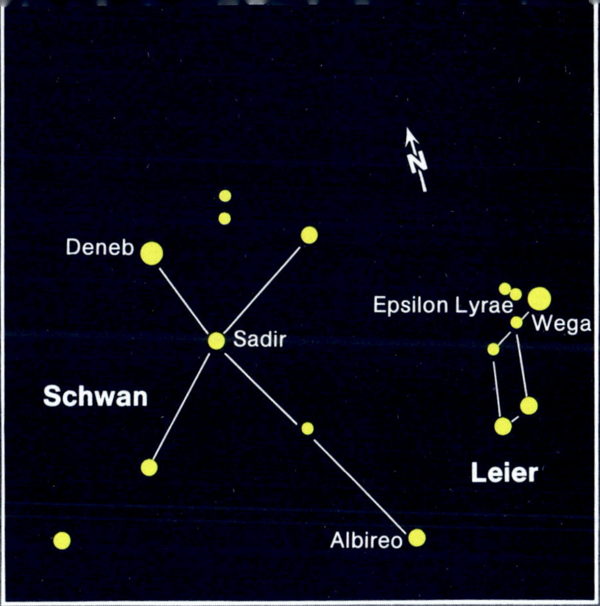


## Schwan und Leier

Die Leier soll nach der griechischen Sage das Instrument des berühmten Sängers Orpheus gewesen sein – in Gestalt eines Schwans näherte sich der höchste Gott Zeus der Leda. Die moderne Sternkunde entdeckte in beiden Sternbildern vor allem interessante Doppelsterne. Im Weltraum kreisen oft zwei, manchmal auch mehrere Sterne umeinander – ähnlich wie die Planeten um die Sonne laufen. Für den Stern Albireo im Schwan sollte man ein kleines Fernrohr einsetzen, Epsilon Lyrae erscheint sogar sehr guten Augen ohne Hilfe doppelt.

## Widder und Stier

Die Plejaden und Hyaden im Stier sind die schönsten Sternhaufen des Himmels und schon mit bloßem Auge gut zu sehen. Die Plejaden wurden von den Griechen getauft. Es sind die sieben Töchter des Riesen Atlas, so daß man sie auch »Siebengestirn« nennt (Entfernung zur Erde: 450 Lichtjahre). Ein großes Fernrohr zeigt sie auf der Fotoplatte sogar farbig (→ Umschlagseite 1). Beim Sternbild Widder ist vielleicht einmal ein Hinweis zur Bezeichnung der Sterne angebracht. Die meisten haben keine Namen, sondern werden mit griechischen Buchstaben oder mit Nummern plus dem lateinischen Sternbildnamen benannt, zum Beispiel »41 Arietis« im Sternbild Widder (lat aries).

# Sternkarten Serie S

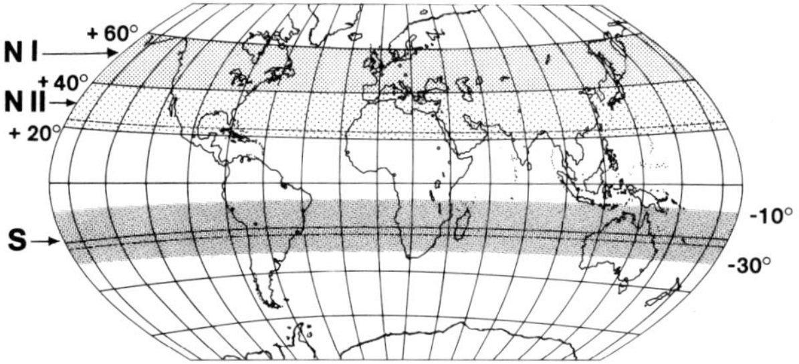


## Sternkarten und Sternbilder

für die geographische Breite von 10 bis 30 Grad Süd. Gilt für die Länder Brasilien, Peru, Bolivien, Südafrika, Tansania, Botswana, Madagaskar, Australien, Neuseeland.

## Zu beachten:

Bevor Sie diese Serie benutzen, eine wichtige Erinnerung an die Anleitung: Beim Beobachten des Sternhimmels muß der Buchstabe der betrachteten Himmelsrichtung zum Boden weisen. Beim Blick nach Norden wird der »Sterne-Kompaß« also auf den Kopf gestellt (→ Seite 16). Die bekannten Sternbilder des Nordens stehen dann im Vergleich mit dem uns geläufigen Anblick ebenfalls auf dem Kopf! Dadurch bietet der südliche Sternhimmel für Bewohner der Erdnordhalbkugel einen etwas ungewohnten Anblick.
Die Abkürzungen auf den folgenden Karten »GMW« und »KMW« stehen für »Große Magellansche Wolke« und »Kleine Magellansche Wolke«. (→ Seiten 12, 75 und 78).

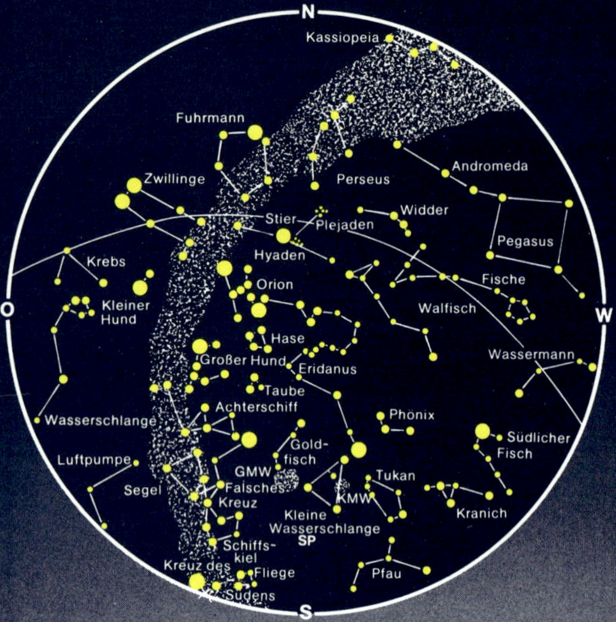


# Himmelserscheinungen im Januar

Achten Sie auf das »Falsche Kreuz«, das man leicht mit dem richtigen Kreuz des Südens verwechseln kann. Die Entfernung der Erde zur Sonne ist am geringsten; sie beträgt 147,1 Millionen km (→ Seite 22).

**1987:** Mars in den Fischen; Jupiter im Wassermann. (Am 24. 1. stehen Venus und Saturn eng zusammen im Sternbild Skorpion und Schlangenträger, sichtbar ab etwa 3 Uhr bis Sonnenaufgang.)

**1988:** Venus als Abendstern im Sternbild Wassermann; Jupiter in den Fischen. (Mars ab 3 Uhr, Saturn ab 4 Uhr am Osthimmel; Mars in den Sternbildern Waage und Skorpion; Jupiter im Schützen.)

**1989:** Mars in den Fischen; Jupiter im Stier.

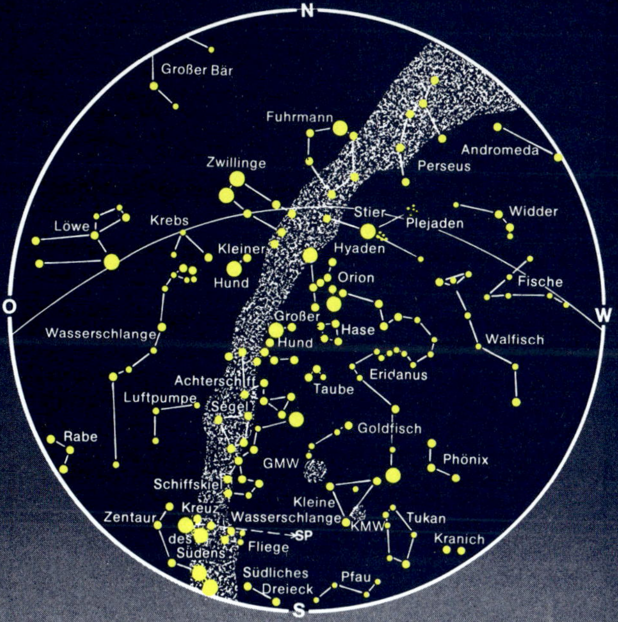


## Himmelserscheinungen im Februar

Den Südpol des Himmels finden Sie durch Verlängerung der Mittelachse vom Kreuz des Südens.

**1987:** Jupiter tief am Westhimmel, Untergang gegen 20 Uhr; Mars in den Fischen. (Venus als Morgenstern bereits ab 2.30 Uhr im Schützen; Saturn ab 3 Uhr im Osten im Skorpion.)

**1988:** Venus als Abendstern mit Jupiter in den Fischen. (Am 23. 2. Saturn und Mars eng zusammen im Skorpion, Aufgang gegen 3 Uhr am Osthimmel.)

**1989:** Am 20. 2. totale Mondfinsternis über Australien und dem Pazifik; Mars im Widder (am 16. 2. Herbstanfang auf dem Mars); Jupiter im Stier. (Saturn ab 3 Uhr am Osthimmel im Sternbild Schütze; Merkur Mitte Februar ab 4 Uhr für etwa 1 Stunde am Südosthimmel.)

## Himmelserscheinungen im März

**1987:** Am 29. 3. ringförmig – totale Sonnenfinsternis über Argentinien, dem Südatlantik und Zentralafrika, teilweise in ganz Afrika und Südamerika sichtbar. (Saturn ab 1 Uhr im Osten im Skorpion; Venus als Morgenstern ab etwa 4.30 Uhr am Südosthimmel im Sternbild Steinbock; Merkur ab Mitte März im Osten, sichtbar von 4 bis 5 Uhr.)
**1988:** Am 18. 3. totale Sonnenfinsternis in Sumatra und Borneo; Venus als Abendstern bis gegen 22 Uhr im Widder und Stier; am 6. 3. Jupiter und Venus eng zusammen. (Saturn ab 1.30 Uhr, Mars ab 2 Uhr im Osten; Merkur zur Monatsmitte ab 4.30 Uhr für ½ Stunde am Osthimmel.)
**1989:** Am 12. 3. Jupiter und Mars eng zusammen im Stier. (Saturn ab 1 Uhr am Osthimmel im Sternbild Schütze.)

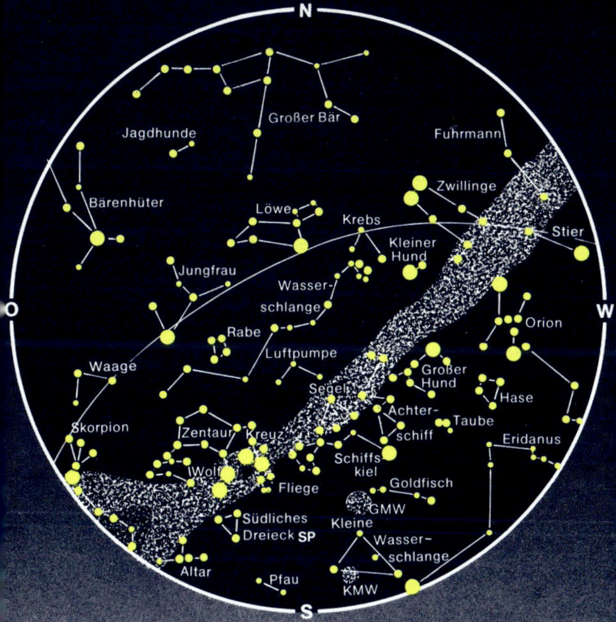


# Himmelserscheinungen im April

**1987:** Mars im Stier; Saturn im Skorpion. (Venus ab 4.30 Uhr als Morgenstern im Sternbild Wassermann am Osthimmel.)

**1988:** Venus als Abendstern bis gegen 22 Uhr im Stier, nördlich der Plejaden (→ Seite 60); Saturn ab Mitternacht am Osthimmel in den Sternbildern Skorpion und Schütze. (Mars ab 1 Uhr im Osten im Sternbild Steinbock, am 18. 4. Frühlingsanfang auf Mars.)

**1989:** Mars und Jupiter im Stier; Saturn ab Mitternacht am Osthimmel im Sternbild Schütze.

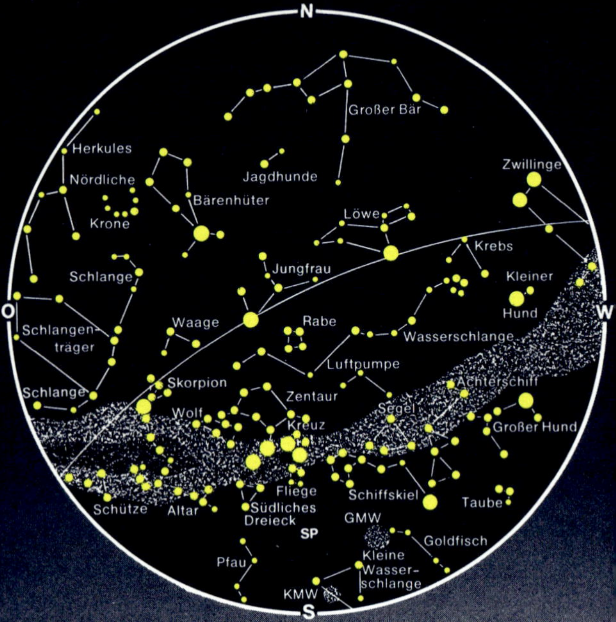


## Himmelserscheinungen im Mai

**1987:** Mars in den Zwillingen; Saturn im Skorpion. (Venus als Morgenstern ab 3 Uhr am Osthimmel im Sternbild Wassermann.)
**1988:** Venus am 7. 5. in größtem Glanz, bis 22 Uhr als strahlender Abendstern; Saturn im Skorpion und Schützen; Mars ab Mitternacht im Südosten im Sternbild Steinbock.
**1989:** Mars in den Zwillingen; Saturn im Schützen.

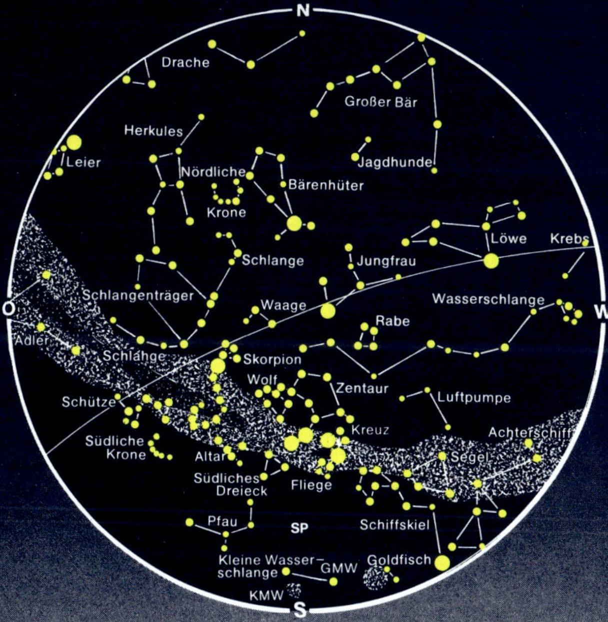


## Himmelserscheinungen im Juni

Der Winter (Erdsüdhalbkugel!) beginnt 1987, 1988 und 1989 am 21. 6.

**1987:** Am 9. 6. Saturn in bester Stellung des Jahres im Sternbild Skorpion. (Jupiter ab 2 Uhr am Osthimmel im Sternbild Fische.)

**1988:** Am 20. 6. Saturn in bester Stellung des Jahres, zwischen den Sternbildern Skorpion und Schütze; Mars ab Mitternacht am Osthimmel im Sternbild Wassermann. (Jupiter ab 6 Uhr im Osten, im Sternbild Widder.)

**1989:** Mars in den Sternbildern Krebs und Zwillinge; Saturn im Schützen.

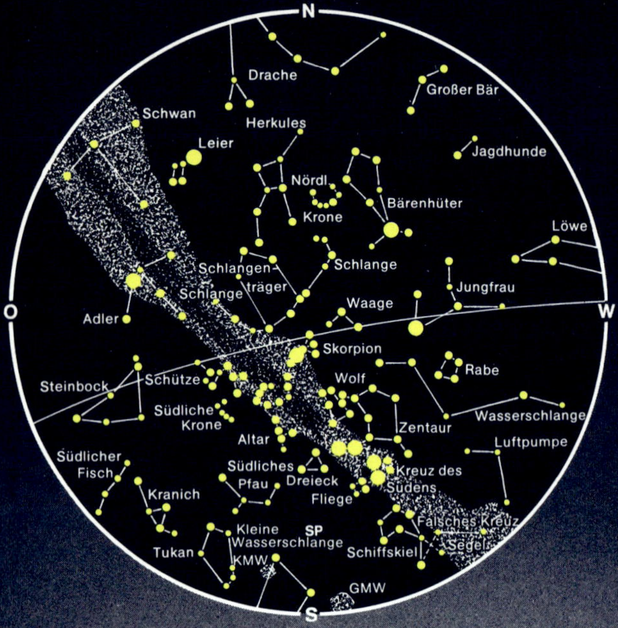


# Himmelserscheinungen im Juli

Die Entfernung der Erde zur Sonne ist jetzt am größten; sie beträgt 152,1 Millionen km (→ Seite 28).

**1987:** Saturn im Skorpion; Jupiter ab 23 Uhr am Osthimmel im Sternbild Fische. (Merkur Ende Juli ab 5.30 Uhr am Osthimmel für etwa 1 Stunde.)

**1988:** Saturn im Skorpion und Schützen; Mars ab 24 Uhr im Osten im Sternbild Fische. (Jupiter ab 4.30 Uhr, Venus ab 5 Uhr, am Monatsende ab 4 Uhr im Osten; beide im Sternbild Stier.)

**1989:** Am 2. 7. Saturn in bester Stellung des Jahres im Sternbild Schütze; am 12. 7. Venus und Mars sehr eng zusammen bis gegen 19 Uhr am Nordwesthimmel im Sternbild Krebs sichtbar.

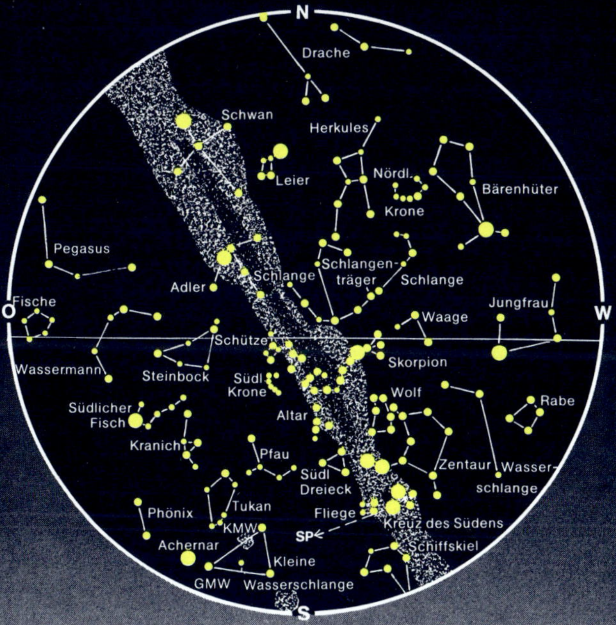


# Himmelserscheinungen im August

Neujahrsfest – mohammedanischer Kalender → Seite 49.

**1987:** Saturn im Skorpion. (Jupiter ab 1 Uhr im Osten im Widder.)

**1988:** Am 27. 8. teilweise Mondfinsternis über Ostasien, dem Pazifik und Australien. Mars in den Fischen; Saturn im Skorpion und Schützen. (Jupiter im Stier ab 2 Uhr, Venus als Morgenstern im Sternbild Zwillinge ab 4 Uhr im Osten.)

**1989:** Am 17. 8. totale Mondfinsternis in Südamerika, über dem Atlantik und Südafrika. Am 24. 8. fliegt Voyager II am Neptun vorbei. Am 31. 8. teilweise Sonnenfinsternis in Südafrika und über dem südlichen Indischen Ozean. Venus als Abendstern bis gegen 19 Uhr; Saturn im Schützen; Merkur Ende August für ¾ Stunde bis etwa 19.40 Uhr tief am Westhimmel. (Jupiter ab 6 Uhr im Osten im Sternbild Zwillinge.)

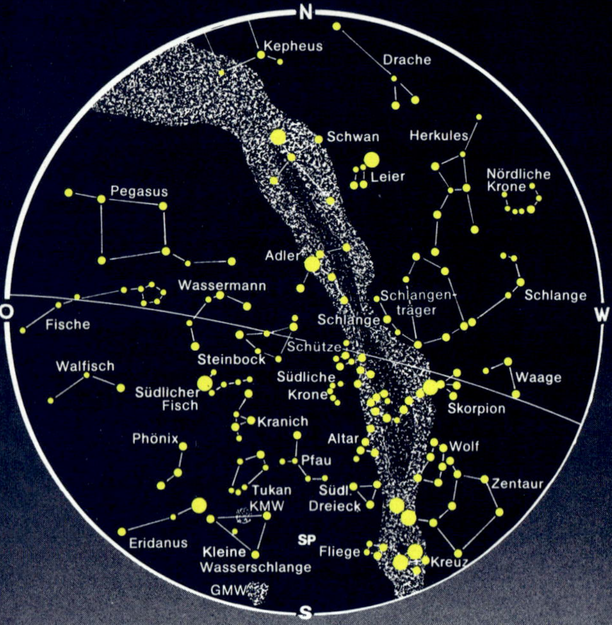


# Himmelserscheinungen im September

**1987:** Am 23. 9. ringförmige Sonnenfinsternis über dem Pazifik, teilweise in Australien, Indonesien und Neuseeland sichtbar. Merkur abends für 1 Stunde tief am Südwesthimmel bis gegen 20 Uhr; Jupiter in den Fischen; Saturn im Skorpion.
**1988:** Am 11. 9. ringförmige Sonnenfinsternis, teilweise in Australien und Ceylon sichtbar. Am 28. 9. Mars in bester Stellung des Jahres im Sternbild Fische; Saturn im Skorpion und Schützen. Merkur Mitte September bis 20 Uhr tief im Südwesten. (Jupiter ab 1 Uhr im Stier, Venus als Morgenstern ab 5 Uhr im Krebs im Osten.)
**1989:** Merkur bis 10. 9. abends gegen 19 Uhr am Westhimmel; Venus in der Waage; Saturn im Schützen. (Jupiter ab 4 Uhr am Osthimmel im Sternbild Zwillinge.)

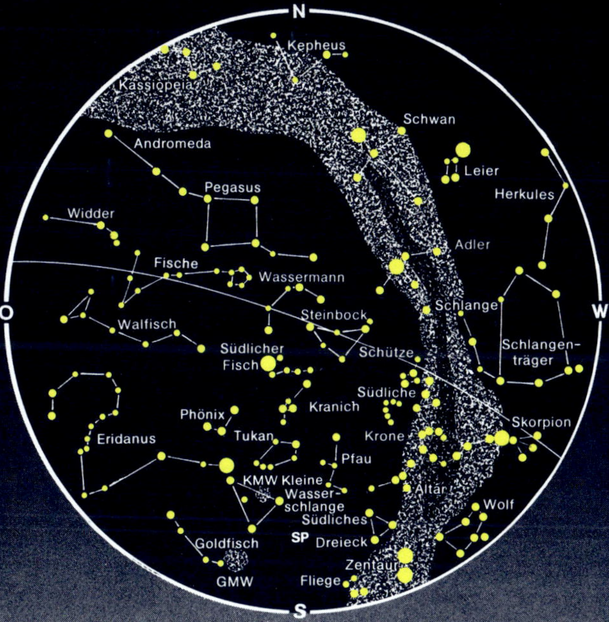


## Himmelserscheinungen im Oktober

**1987:** Am 18. 10. Jupiter in bester Stellung des Jahres im Sternbild Fische; Venus als Abendstern bis gegen 19 Uhr im Westen, am 20. 10. eng zusammen mit Merkur, der bis etwa 19 Uhr sichtbar ist; Saturn im Skorpion.
**1988:** Mars in den Fischen; Saturn im Skorpion und Schützen; Jupiter ab 23 Uhr am Osthimmel im Sternbild Stier. (Venus ab 5 Uhr als Morgenstern bis Sonnenaufgang am Nordosthimmel im Sternbild Löwe.)
**1989:** Venus als Abendstern im Sternbild Skorpion; Saturn im Schützen. (Jupiter ab 2 Uhr am Osthimmel im Sternbild Zwillinge.)

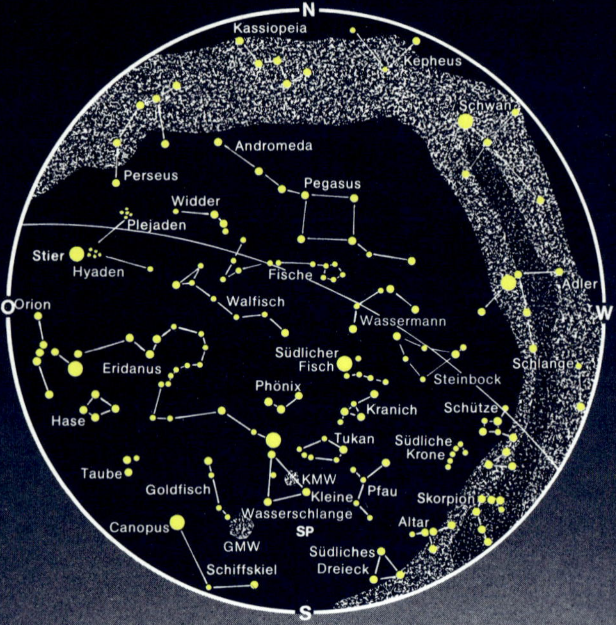


## Himmelserscheinungen im November

**1987:** Am 20. 11. Venus und Saturn sehr eng zusammen im Sternbild Skorpion bis 20 Uhr am Osthimmel, Jupiter in den Fischen. (Mars ab 3 Uhr am Osthimmel im Sternbild Jungfrau.)
**1988:** Am 23. 11. Jupiter in bester Stellung des Jahres im Sternbild Stier; Mars in den Fischen; Saturn im Skorpion und Schützen. (Venus als Morgenstern ab 4 Uhr am Osthimmel.)
**1989:** Am 15. 11. Venus und Saturn sehr eng zusammen im Sternbild Schütze; Jupiter ab Mitternacht am Osthimmel im Sternbild Zwillinge.

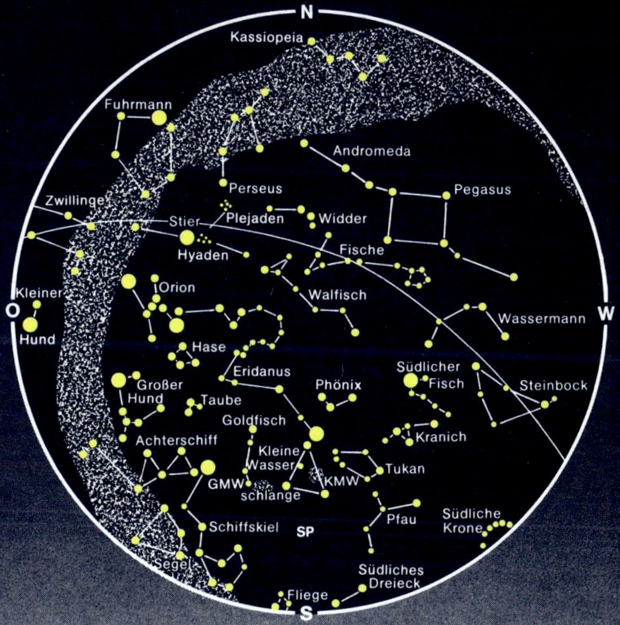


## Himmelserscheinungen im Dezember

Der Sommer (Erdsüdhalbkugel!) beginnt 1987 am 22. 12.; 1988 und 1989 am 21. 12.

**1987:** Venus als Abendstern bis gegen 22 Uhr am Monatsende im Sternbild Steinbock; Jupiter in den Fischen. (Mars ab 4 Uhr am Osthimmel im Sternbild Waage.)

**1988:** Mars in den Fischen; Jupiter im Stier. (Venus ab 4 Uhr als Morgenstern am Südosthimmel im Sternbild Waage.)

**1989:** Am 13. 12. Venus in ihrer größten Helligkeit im Steinbock; am 16. 12. Merkur und Saturn sehr eng zusammen, Untergang in der Abenddämmerung gegen 20 Uhr; am 27. 12. Jupiter in bester Stellung des Jahres im Sternbild Zwillinge. (Mars ab 5 Uhr am Osthimmel im Sternbild Waage.)

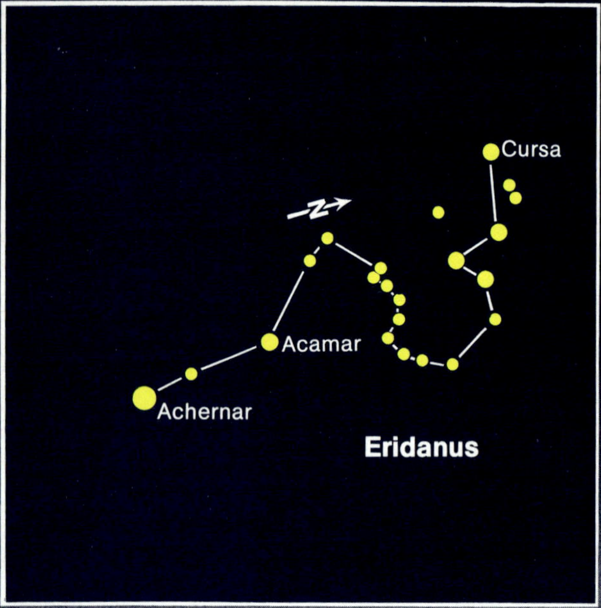


# Eridanus

Bei diesem Sternbild fällt Ihnen vielleicht die Lage des Richtungspfeils auf, der hier nicht senkrecht, sondern fast waagerecht liegt. Den Eridanus mußten wir waagerecht zeichnen, weil er sonst das Bildformat gesprengt hätte. Er gehört zu den längsten Sternbildern des Himmels und zieht sich vom Orion bis fast zum Südpol hin (SP auf den Karten!). Ein Stern verdient bei ihm besondere Beachtung: Achernar, einer der hellsten am Südhimmel; 78 Lichtjahre von der Erde entfernt. Eridanus ist ein sagenumwobener Fluß aus der griechischen Mythologie – wie ein Fluß schlängelt sich auch der himmlische Eridanus von Stern zu Stern.

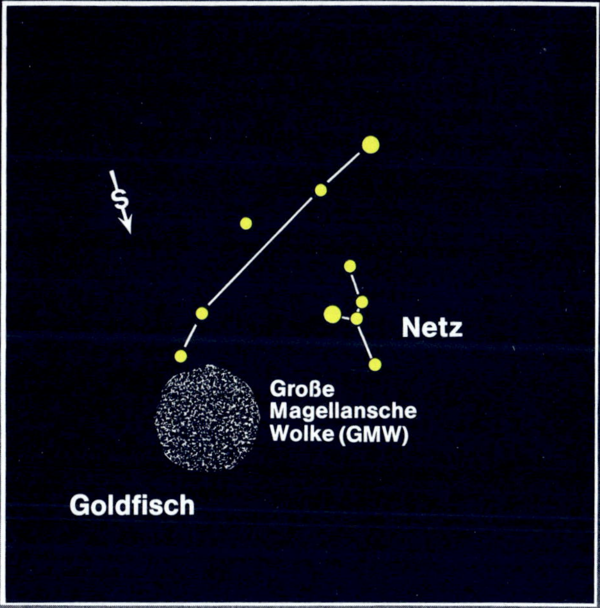


# Goldfisch

Im Jahre 1603 erfand der deutsche Astronom Bayer das Sternbild Goldfisch. Ein wahrhaft »goldenes« Himmelsobjekt steht in ihm: Die Große Magellansche Wolke (→ Farbfoto Seite 12). Sie gehört heute zu den wichtigsten Forschungsobjekten der Sternwarten auf der Südhalbkugel der Erde, denn sie ist das mit Abstand hellste und eindrucksvollste Sternsystem außerhalb der Milchstraße – eine »Galaxie«. Etwa 18 bis 20 Milliarden Sterne leuchten innerhalb der Großen Magellanschen Wolke in einer Entfernung von 160 000 Lichtjahren. Auch mit bloßem Auge kann die Große Magellansche Wolke hervorragend beobachtet werden – sogar bei Vollmond!

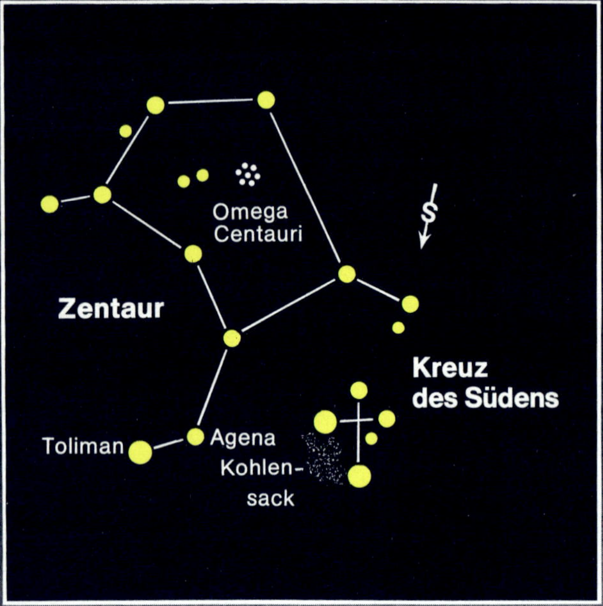


# Kreuz des Südens und Zentaur

Hier haben wir eine der prachtvollsten und sternenreichsten Gegenden des Himmels vor uns. Das berühmte Kreuz des Südens half den Seefahrern früher Zeiten, sich auf den Ozeanen zu orientieren. Denn seine Mittelachse weist zum Südpol (SP) des Himmels (→ Karten S 2 und S 8, Seite 63 und 69). In ihm steht der »Kohlensack«, eine der dunkelsten Stellen im schönen Band der Milchstraße. Dichte Staubwolken verhindern hier den Blick auf dahinterstehende Sterne; sie schirmen sie ab wie eine Wand (→ Farbfoto Seite 13). Toliman oder Alpha Centauri im Sternbild Zentaur hat die geringste Entfernung zur Erde – 4,2 Lichtjahre oder 40 Billionen Kilometer. Und Omega Centauri schließlich ist der hellste Kugelsternhaufen des Himmels.

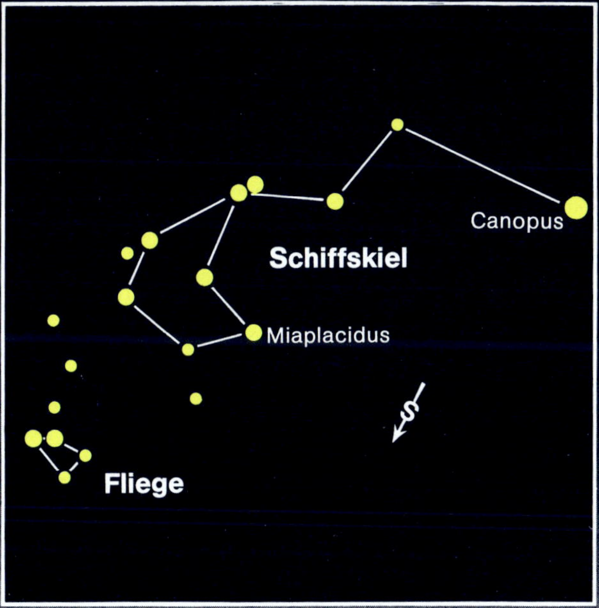


## Schiffskiel und Fliege

Eine der schönsten griechischen Sagen behandelt die Fahrt des Schiffes Argo und die Heldentaten, die seine Besatzung, die Argonauten, vollbringt. Kein Wunder, daß die Götter das sagenhafte Schiff zum Sternbild machten. Es nahm einen riesigen Raum unterhalb des Großen Hundes und des Orion ein, zu groß für die moderne Sternkunde, die die Sternbilder nur noch als nützliche Einteilung des Himmels gebraucht. Man zerschnitt es daher in drei Teile, das Achterschiff, das Segel und den Schiffskiel. Zum Sternbild Schiffskiel gehört der interessanteste Stern, der zweithellste des Himmels, Canopus. Canopus ist ein Stern der Superlative; 20 000mal heller als die Sonne und über 60mal größer als sie. Seine Entfernung: 370 Lichtjahre.

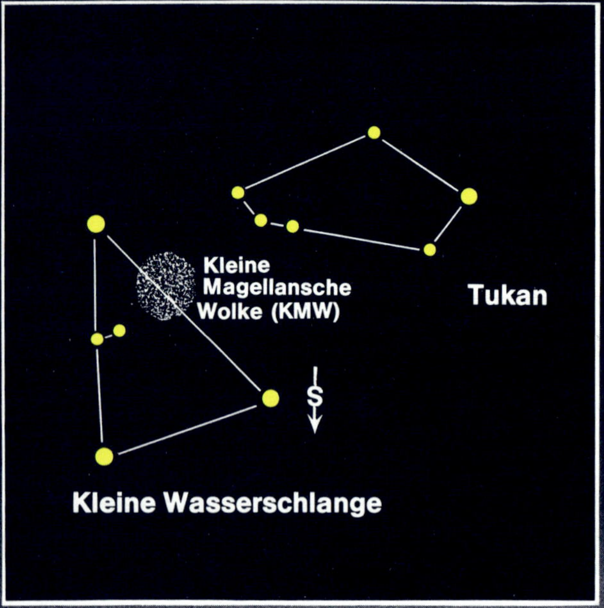


## Kleine Wasserschlange und Tukan

Der südliche Sternhimmel ist besonders reich an exotischen Sternbildnamen, beispielsweise Tukan, eine südamerikanische Vogelfamilie. Das danebenstehende Sternbild Kleine Wasserschlange enthält eines der interessantesten Objekte des Südhimmels, die Kleine Magellansche Wolke. Entdeckt wurde sie von Ferdinand Magellan, der als erster die Welt von 1519 bis 1522 umsegelte. Sie ist zusammen mit der Großen Magellanschen Wolke (→ Sternbild Goldfisch Seite 75 und Farbfoto Seite 12) das uns nächste Sternsystem. »Nur« 160000 Lichtjahre trennen uns von ihr. Viele Millionen Sterne bilden dort ein Gebilde ähnlich der Milchstraße. Die Kleine Magellansche Wolke kann nur auf der Südhalbkugel der Erde gesehen werden, aber dort schon mit bloßem Auge.

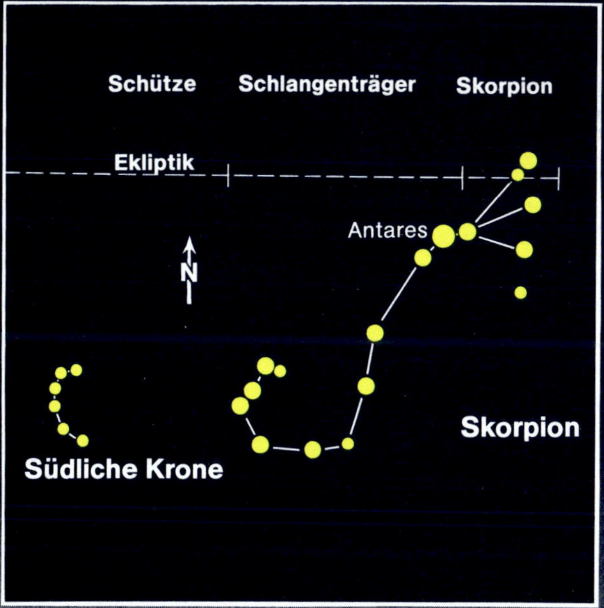


## Skorpion und Südliche Krone

Die zwölf Tierkreis-Sternbilder wie Skorpion, Widder, Schütze (→ Seite 10) liegen entlang der Ekliptik. Genaugenommen gibt es noch ein Dreizehntes, den Schlangenträger. Die Zeichnung zeigt den genauen Verlauf der Ekliptik – und daß der Skorpion nur ein winziges Stück davon »abbekommen« hat. Bei den Tierkreiszeichen des Horoskops suchen Sie den Schlangenträger vergeblich; daran zeigt sich nochmals deutlich, daß es einen Unterschied gibt zwischen den Tierkreiszeichen und den Tierkreis-Sternbildern.
Der rötliche Antares ist ein wahrer Riesenstern – 740mal größer als die Sonne!

CIP-Kurztitelaufnahme der Deutschen Bibliothek

Ekrutt, Joachim W.:
Sterne-Kompaß: Sterne u. Sternbilder kennenlernen
u. bestimmen / Joachim Ekrutt. – Ausg. 1987–1989.
1. Aufl. – München: Gräfe und Unzer, 1986.

ISBN 3-7742-1817-X

Neuausgabe 1987


Redaktionsleitung: Hans Scherz
Lektorat: Doris Schimmelpfennig-Funke, Ursula Walther
Herstellung: Helmut Giersberg
Zeichnungen: Kartographie Gert Oberländer
Einbandgestaltung: Desein Tiem, Norbert Gerstenberger
Offsetreproduktion und Druck: Graphische Anstalt E. Wartelsteiner
Bindung: Ludwig Auer GmbH
ISBN 3-7742-1817-X

Farbfotos: Umschlag, Seiten 12 und 13: Arbeitsgemeinschaft Astrofotografie, Maxburgsattel, 6730 Neustadt 19. Seite 3 oben: Peter Dreesen, Hamburg; Seite 3 unten: Planetarium Hamburg. Seite 6, 7, 16: NASA-Foto. Seite 9: Dr. Thorsten Neckel, Wilhelmsfeld.